U0258962

TECHNIQUE AND ART OF
DIGITAL VIDEOGRAPHY

数字摄像
技术与艺术

 孔令斌 著

中国科学技术大学出版社

内 容 简 介

本书针对数字摄像,按照关键词的编排形式,把系统的理论细分为简明实用的知识点,图文并茂,兼顾技术和艺术两个维度,分8章进行讲解:第1至4章介绍了摄像成像原理、摄像器材、摄像曝光、摄像操作要领,偏重技术性;第5至8章介绍了摄像镜头语言、摄像构图、摄像用光、摄像分镜,偏重艺术性。前7章结合作者喜好的火车题材影视作品进行影视案例分析,第8章结合作者执笔的微电影项目进行实践案例展示。

本书脱胎于教学和实战心得,注重理论性与实践性的结合,是一部融汇了作者对数字摄像基础教育所作思考的著作,可作为影视摄影、数字媒体、广电编导、新闻传播等相关专业大学生及爱好者的摄像入门用书。

图书在版编目(CIP)数据

数字摄像技术与艺术/孔令斌著. —合肥:中国科学技术大学出版社,2022.1
ISBN 978-7-312-04539-4

Ⅰ.数⋯ Ⅱ.孔⋯ Ⅲ.数字摄像机—拍摄技术 Ⅳ.TN948.41

中国版本图书馆CIP数据核字(2021)第252872号

数字摄像技术与艺术

SHUZI SHEXIANG JISHU YU YISHU

出版	中国科学技术大学出版社
	安徽省合肥市金寨路96号,230026
	http://press.ustc.edu.cn
	https://zgkxjsdxcbs.tmall.com
印刷	安徽国文彩印有限公司
发行	中国科学技术大学出版社
经销	全国新华书店
开本	787 mm×1092 mm　1/16
印张	16
字数	260千
版次	2022年1月第1版
印次	2022年1月第1次印刷
定价	78.00元

序

阅读令斌的书稿,我的第一印象是:令人欣喜。

之所以有这种感觉,是因为此书顺应文化形势,具有实用价值;蕴含艺术情怀,具有学养品位。

所谓顺应文化形势,是指本书诞生在特殊的影视文化氛围中。

当今社会是影视文化空前繁荣的时代,人们在不知不觉中置身于影视文化的海洋。且不说电视机、电影院、网络媒体里的影视作品,当你走在路上,也随处可见大屏幕的视频画面;手里,须臾不离身的手机充满了视听作品;出门、回家的电梯里,不得不看的显示屏滚动播出视听广告,如此等等不一而足。

置身如此海量的视听作品中,无论你认真还是随意,都在潜移默化中受到了影视文化的影响。生活在影视的"汪洋大海"中,人们难道不应该"熟悉水情","学会游泳",在影视海洋中寻觅自己的一方园地吗?"熟悉水情",是指人们需要认识影视艺术,能够辨识优劣作品;"学会游泳",是指人们需要掌握基本的影视技术和艺术要点,创作出自己的作品。

一般化的影视理论著作已经汗牛充栋、数不胜数,多一本书、少一本书无关大局。但是若涉及交流创作技术、传播技术与艺术的融通,此类书籍却并不多见,而这又是多数影视爱好者的急迫需求。令斌的著作恰好适应这方面的需求,可谓应运而生。

本书用通俗易懂的语言、贴切准确的细节、丰富广泛的实例,生动讲授了影视拍摄技术,使得阅读者在影视创作实践中很容易上手操作。

所谓艺术情怀,是指本书将技术和艺术有机结合起来,把影视技术的运用纳入艺术需要中考量。在讲述技术时采用特定艺术片段,印证技术运用的合理性;在艺术的观照下运用技术,在技术的基础上创造艺术,从而让读者学会辩证地学习影视技术、艺术。这比简单、纯粹地讲究技术,显然要更高明、深刻,这也是本书有较高学术品位之所在。

这种艺术情怀,在书中自然流露而非刻意求之。这显然与令斌的学者、教师、创作者的复合身份密不可分:自身的融合贯通在先,写作时潜意识驱使在后。

本书面向的读者,是民众中大多数影视爱好者、初学者或没有经过专业训练的业余读者,其基数极为广泛。而这一群体,充满创作朝气,热爱影视艺术,是我国影视业发展的雄厚人才储备,是未来的影视之星。他们技术、艺术水平的提高,将会为我国影视文化的发展打下坚实的技术、艺术基础。

放眼国家的文化强国大计,影视文化显然占据既特殊又重要的地位——国家加强对电影、网络视听作品的管理、扶持、奖励就是明证。推进影视文化良性发展,提升全民族影视文化学养,对于影视研究者来说,撰写并出版普及性的影视技术书籍责无旁贷、任重道远。

有鉴于此,令斌的这本实用、有品位的书,就显得尤为可贵,希望广大影视爱好者们能从中受益。

童加勃

中国电影评论学会理事

中国电影评论学会微电影研究会副会长

2021年8月21日

前　言

在英语中,"shoot"一词涵盖了照片与视频的拍摄,其所用器材均用"camera"代指。到了中文语境下,出现了区别:"摄像"专指以电视为代表的视频(video)拍摄,拍摄者使用的是"摄像机";电影(film)的拍摄与照相统称为"摄影",拍摄者使用的是"摄影机"。当初作此区分的依据在于成像原理,摄影是通过胶片感光来成像的,摄像从一开始依靠的就不是胶片,而是光电信号的转换。到了数字时代,数字电影逐渐成为主流,上述区分的基础已经消失,但摄影和摄像在涵盖范围上的区分却延续了下来,这是由电影和电视的不同定位而造成的。

首先是技术层面的定位。无论是胶片时代还是数字时代,电影在制作、发行、消费等各环节上的门槛都要高于电视节目。单就制作而言,一部电影的摄影工作就可细分为诸多不同职能的工种,如主摄影师、副摄影师、摄影助理、跟机员等,其专业性很强,操作流程也相当繁杂。电视拍摄则简单许多,与电影摄影机相比,电视摄像机轻便且高度集成化,让"单兵作战"成为常态。

其次是艺术层面的定位。尽管电影起源于对现实的记录已成为共识,但另一个无法忽略的共识是,电影的发展史是一部审美发展史,电影更偏重艺术表现而非真实再现,纪录片逐渐与之剥离,发展成为一个单独的门类。电视出现后,观众不用去剧院,坐在家里就能看见活动的影像,所以看电视成了生活日常,日常生活也成为电视节目的主要内容。我们常常会发现,电影画面总体显得暗沉,容易在观众内心产生距离感,有别于电视画面的真实明艳、亲切自然,其实这是电影刻意追求的"陌生化"艺术效果。

因不同定位所产生的不同结果,并不代表电影和电视、摄影和摄像孰优孰劣。尤其在数字科技和网络媒体蓬勃发展的今天,定位的差异日渐淡化,人们涉足影视行业不再是"自古华山一条路",专业院校和制作公司已非必选项。人们进行影视创作的出发点,除了专业追求和经济目的,还有自我表达的需要。因此,低门槛的摄像对于初学者更为友好,也能够满足绝大多数人和中小型项目的实际需要。但是,低门槛绝不意味着可以漠视技术规范和艺术价值。

学习摄像技术,是"知其然"的过程。从最基本的成像原理开始,逐步掌握摄像器材各模块对应的功能和操作,能够快速领会团队或客户的要求,拍摄出可用的画面,具备从业的基础素质。如果将最终成品比作一只木桶的话,那么技术就是最短的那块木板,决定了作品质量的下限。

学习摄像艺术,则是"知其所以然"的过程。艺术通过审美的方式来表达自我和感知世界,既有基本的审美衡量标准,又有主观性和多样性。譬如在一般情况下,构图时应符合"横平竖直"原则,运镜时应保持镜头稳定,曝光时应准确还原现实光照环境,但有时为了表达特定的主题,制造特殊的效果,会故意让画面倾斜,让抖动加剧,让曝光失真。对艺术效果的追求和创新,决定了作品质量的上限,也是为进阶电影摄影做好铺垫。

摄像器材的数字化、智能化、便捷化及短视频的兴起,营造了一种假象,即摄像的技术与艺术已不再重要。科技的进步,还远未达到颠覆摄像的技术原理和艺术规范的程度,正如本书在介绍案例时,引用了从19世纪末至今的70余部国内外优秀影视作品(名单见附录),并未将数字时代以前的作品排除在外。拍摄时过分依赖器材的性能,制作时沉溺于对各种"酷炫"模板的套用,容易导致拍摄者一方面忽视技术原理对于艺术创作的重要性,另一方面逃避思考,失去技术和艺术创新的动力,这对有志从业者危害尤甚。

因此,本书针对数字摄像,尽量使用浅显精练的语言,按照关键词的编排形式,把系统的理论细分为简明实用的知识点,图文并茂,兼顾技术和艺术两个维度,分8章进行讲解:第1至4章介绍了摄像成像原理、摄像器材、摄像曝光、摄像操作要领,偏重技术性;第5至8章介绍了摄像镜头语言、摄像构图、摄像用光、摄像分镜,

偏重艺术性。前7章结合作者喜好的火车题材影视作品进行影视案例分析,第8章
结合作者执笔的微电影项目进行实践案例展示。

　　本书脱胎于教学和实战心得,注重理论性与实践性的结合,是一部融汇了作者
对数字摄像基础教育所作思考的著作,可作为影视摄影、数字媒体、广电编导、新闻
传播等相关专业大学生及爱好者的摄像入门用书。

　　那么,让我们踏上数字时代的摄像之路吧!

孔令斌

2020年4月

目　录

第1章

摄像成像原理

摄像是对人眼功能的模仿和延伸,用摄像机拍摄和用肉眼观察世界,本质上都是利用光学原理将真实的景物转化为"仿真"的影像。到目前为止,还没有任何摄像器材能够脱离光学来成像。从光学成像开始,认识可见光、空间透视和电子显像,是学会用摄像思维观察周围世界的起点。

1.1 光 学 成 像

1.1.1 小孔成像

"小孔成像"是我们初中时学过的一种物理现象,两千多年前就被东西方学者发现。古希腊哲学家亚里士多德在《论问题》中提到,他有次观察日食时看见阳光透过树叶缝隙,在地上产生了月牙形的日食影像。其实在此之前,我国古代的墨家学者[①]就已发现、验证了这一现象,并且给出了正确的解释。

墨家典籍《墨经》中先写道:"景到[②],在午有端与景长,说在端。"(《经下》)再解释道:"景,光之人,煦若射。下者之人也高,高者之人也下。足敝下光,故成景于上;首敝上光,故成景下。在远近有端与于光,故景库内也。"(《经说下》)翻译过来的大致意思是:人站在屋外,光线直射到人身上,除了制造地上的影子之外,还会形成反射。这些反射的光线通过房屋外墙上的一个小孔洞时,会发生汇

---

① 指战国时期的墨家学派创始人墨翟及其弟子。

② 到,是"倒"的通假字,意为倒立。

聚、交叉,然后投射到屋内正对着孔洞的内墙上,形成人的倒立影像。这个倒立影像的大小受屋外之人与孔洞之间的距离影响,距离越近,影像越大,反之则影像越小。

我们可以简化上述流程,如图1.1所示,只需在黑暗的室内(暗房)摆上一支点燃的蜡烛,用有洞的隔板代替外墙,用白幕代替内墙就行了。小孔成像反映出光线的直线传播性质,是光学成像的理论基础。

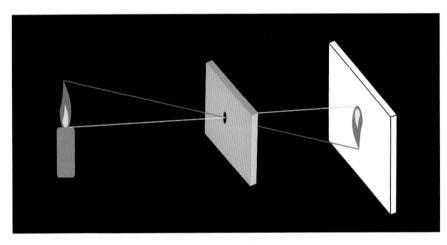

图1.1 小孔成像

1.1.2 凸透镜成像

接下来,我们用玻璃材质的凸透镜代替孔洞,因为凸透镜具有会聚光线的作用,投射在白纸上的倒影会更加清晰明亮。摄像机所用的光学镜头尽管由多个凸透镜和凹透镜组合而成,但合成后的总体效果就相当于一个凸透镜,在拍摄时,应把握好焦距、物距、像距三者的关系。

焦距指光的聚焦点(物理符号为 F)到透镜中心的距离,物理学中用 f 表示;物距指被摄体(人或物)到透镜中心的距离,物理学中用 u 表示;像距指成像平面到透镜中心的距离,物理学中用 v 表示。在摄像时,应保证物距大于2倍焦距($u > 2f$),像距在1倍焦距至2倍焦距($f < v < 2f$),这样才能使摄像机清晰、完整地记录被摄体(图1.2)。

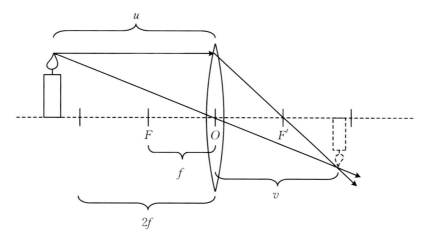

图 1.2 摄像中的凸透镜成像

1.1.3 人眼成像

我们能在正常的光照条件下看清周围环境,是因为人眼的成像机制与凸透镜类似,瞳孔内的晶状体接收外界景物的反射光,再折射到视网膜上形成上下、左右颠倒的影像(图1.3),然后经视觉神经传输到大脑内,才变成正立的影像。在这个过程中,晶状体、眼球内部和视网膜分别扮演了凸透镜、暗房和白幕的角色,焦距、物距、像距三者关系的公式仍然有效。所以,我们用摄像机进行拍摄,是镜头捕捉景物、人眼观察取景器的双重光学成像过程。

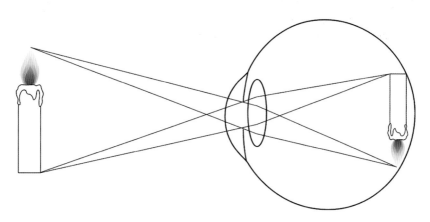

图 1.3 人眼成像

人眼成像有其劣势,不能将看到的影像定格、储存、回放,无法清晰识别物体在快速运动中的某个瞬间。摄像机却能轻易做到,这还得归功于照相术。

1.1.4 视觉残留

用镜头代替孔洞,用暗箱代替暗房,用感光材料代替白幕,这样就构成了早期的照相机。

1878年,一位名叫埃德沃德·迈布里奇的英国摄影师为了验证"马在奔跑时能否四足同时离地",在美国旧金山的一处马场跑道上布置多台照相机,连续捕捉赛马奔跑瞬间的姿态,最终得到了肯定的答案(图1.4)。后来,他又将这些照片按顺序摆放在玻璃圆盘上转动,达到一定转速时,照片中的赛马就"活"了。这一系列实验印证了"视觉残留"理论,为电影的诞生提供了灵感。

图1.4 迈布里奇的奔马实验

视觉残留,又称余晖效应,是指人眼在观察外界时,光信号经视觉神经传入大脑需要经过一段短暂的时间,光的作用结束后,视觉形象并不会马上消失,而会继续保留0.1~0.4秒。换句话说,在1秒钟内为一个运动的物体连续拍摄15张照片,将一张照片视为1帧,按照15帧/秒——即每帧停留1/15秒的速度来顺序播放,基本能将物体正常运动而无停顿的影像还原出来,如果低于这个速度,影像就会出现卡顿、跳跃的"掉帧"现象。

这就引出了帧率的概念。帧率的计量单位是帧/秒(fps),指每秒钟生成的帧数。摄像器材便是利用视觉残留的原理,将拍摄帧率设置在不低于24 fps的水平,如PAL制式下的25 fps、50 fps,NTSC制式下的30 fps、60 fps[①],甚至更高。理论上,帧率越高,播放时的画面越清晰、流畅,但在实际应用中,高帧率受诸多因素制约,并不能与高画质[②]完全画等号。

1.2　可　见　光

1.2.1　光谱

现代物理学认为,光是电磁波的一部分。电磁波范围很广,包括无线电波、红外线、人眼可见光、紫外线、X射线等,可见光的波长范围是400~760纳米,在电磁波当中只占极小一部分。很多读者也许做过或知道这样的实验:拿三棱镜折射白色的太阳光,会分散出彩虹一样的红、橙、黄、绿、青、蓝、紫七色光(图1.5)。其实这是物理学家艾萨克·牛顿最先发现的,他对七色光的划分是红、橙、黄、绿、蓝、靛、紫。"青、蓝、紫"和"蓝、靛、紫"两种提法的分歧在于对色彩区间的界定和命名,并无本质上的不同,本书采用前一种提法。

---

① PAL和NTSC指世界上最常见的两种彩色电视制式,我国普遍采用的是PAL制。
② 画质,又称成像质量、图像质量,由灵敏度、信噪比、清晰度、色彩还原性等多方面的指标来综合衡量。

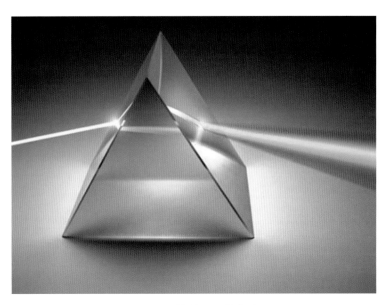

图1.5 三棱镜的色散实验

从波长来看,红色光的波长最长,之后依次递减,紫色光的波长最短;如果按频率由高到低,那么顺序是颠倒过来的。任何可见光经三棱镜分光后,被色散开的单色光按波长长短或频率高低而依次排列的图案,就是光学频谱,简称光谱,可以采用相对光谱功率分布曲线图来显示。如图1.6所示,横坐标为光谱波长,纵坐标为相对功率值。同功率的七色光交叠在一起会产生白光。

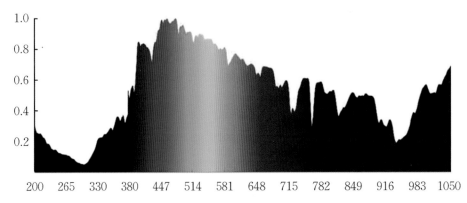

图1.6 某一时间点太阳光的相对光谱功率分布曲线

1.2.2 三基色与色彩搭配

这七种光色中,红、绿、蓝三色最易被人眼感知,能够合成自然界中的绝大部分色彩,且三色之间相互独立,每一种都不能由另外两种混合产生,因此称为光学三基色[①],常用英文大写字母R(red)、G(green)、B(blue)表示。如图1.7所示,三基色两两交叠,三色的共同交叠处产生白色,二色交叠处产生二次色,分别是红、绿交叠产生的黄,绿、蓝交叠产生的青,蓝、红交叠产生的品红;将二次色和相邻的三基色再次交叠,又会产生橙、黄绿、青绿、青蓝、紫、紫红这六种新的光色,即三次色;继续交叠下去,还会产生区别更细微的光色。摄像机是将接收到的光分解成三基色信号进行处理,最后形成色彩丰富的图像。除摄影摄像之外,其他依靠光来呈现色彩的领域,如电脑、电视、投影,采用的也是RGB色彩模式。

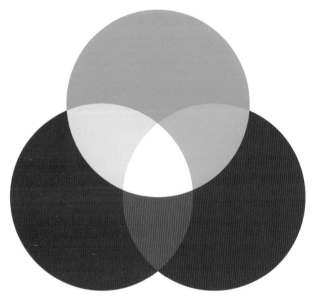

图1.7 三基色与二次色

学习三基色,最终目的并不只是了解成像原理,而是形成色彩搭配的意识,运用于摄像工作的各个阶段,如拍摄前取景布光,拍摄中用色彩构图,拍摄后进行后

① 与颜料三原色(品红、黄、青)是完全不同的色彩模式,两者的差异还体现在二次色、三次色上,切忌混为一谈。

期调色。如图1.8所示,将三基色(实线相连)、二次色(虚线相连)、三次色按相邻顺序摆成一个圆圈,组成十二色环,对比色、互补色、邻近色、类似色的概念就容易掌握了。

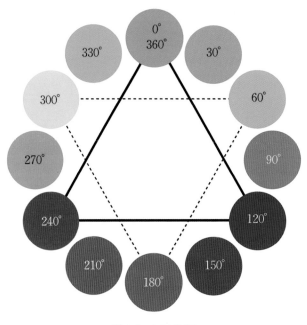

图1.8 十二色环

对比色,指十二色环上相隔120°至180°的两色[①],如绿色的对比色,就是红色至蓝色之间的任一色;当相隔角度达到180°时,对比感最强的互补色就出现了。对比色及其所包含的互补色能形成鲜明、饱满的画面效果,具有强烈的视觉冲击力。

邻近色,指十二色环上相隔60°至90°的两色,如绿色和黄色、橙色,绿色和青色、青蓝色。邻近色的对比感适中,可以使画面色彩在保持风格一致的同时又具有层次感,不显得单调,适合表现各种主次搭配。

类似色,指十二色环上相隔30°的两色,如绿色和黄绿色,绿色和青绿色。类似色的对比感最弱,优点是能制造出柔和、舒适的视觉效果,缺点是画面的层次过渡略显平淡。

上面都是从色相层面来谈的,色相是色彩的三大属性之首,指色彩的相貌,包括三基色、二次色、三次色等。色彩的另外两大属性是明度和纯度。明度即色彩的

① 顺时针或逆时针方向皆可,下同。

明亮程度,可以简单理解为显现在该色彩上的白光有多少,明度越高,越接近白色,反之则越接近黑色;纯度又称饱和度,即色彩的浓淡程度,可以用灰色所占的分量来量化表示,灰色分量越少,纯度越高,反之则越低。图1.9是以三基色中的红色为例,从左向右展示明度和纯度由低到高的变化。只要明度或纯度差异显著,色相相近甚至相同的色彩之间也能形成一定的对比。

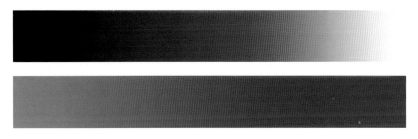

图1.9 红色的明度变化(上)和纯度变化(下)

色彩搭配是一门深奥的学问,搭配得好与不好,会直接反映在摄像作品的观感上,甚至影响作品的艺术性。本书只作一个简单介绍,若想运用于实践中,还需经过更加系统和深入的学习。

1.2.3 照度与亮度

可见光的强弱和明暗表现为两种数值:照度、亮度。

照度指受照体表面被可见光照射的强度,衡量的是投射光,数值由光通量[①]除以受照面积得出,计量单位是勒克司(lux)。照度大小取决于光源的发光强度和距离:光源和受照体之间的距离保持不变,照度与发光强度成正比;发光强度保持不变,照度与距离成反比。通俗来讲,照度就是"这里得到了多少光",与受照体自身性质无关。

亮度指受照体表面被人眼观察到的明暗程度,衡量的是反射光,数值由光强[②]除以受照面积得出,计量单位是尼特(nit或cd/m^2)。亮度的高低取决于照度和受照体表面的反光率:照度不变,亮度与反光率成正比;反光率不变,亮度与照度也成

---

① 光通量指光源每秒钟所放射光量之总和,计量单位是流明(lm)。

② 光强指光源在某一特定方向角内所放射的光量,计量单位是坎德拉(cd)。

正比。通俗来讲,亮度就是"这里看上去有多亮",数值越高越接近白色,越低则越接近黑色。

在摄像过程中,现场的光线条件一般用照度来衡量,这是因为照度不涉及受照体的反射率,可以通过测光表来测定数值(图1.10),为第3章中的曝光参数设置和第7章中的布光提供参考依据,所以比亮度更易把握。受照体的反射率受表面的平整度、颜色和光线的入射角度、波长等因素影响,不会大于1,可以说,照度决定了亮度的上限,亮度则规定了这一上限范围内,拍摄者对光线的自由运用空间(图1.11)。

图1.10　测光表

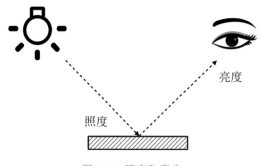

图1.11　照度和亮度

1.3　空　间　透　视

1.3.1　线条透视

被光照亮的空间内,物体与物体、物体与环境之间的位置关系,是由透视来展现的,空间的真实感也是由透视来营造的。对静态的照片摄影而言,空间是三维的,即长(前后)、宽(左右)、高(上下);对动态的摄像而言,在长、宽、高之外加入了时间维度,空间就变成四维的。摄像中的透视主要表现为线条透视、空气透视和混合透视。

线条透视又称几何透视,特征是画面中的物体近大远小、近高远低,在视觉上勾勒出向纵深处汇聚、消失的若干道直线,按直线汇聚点①的数量,分为一点透视和多点透视。

图 1.12 是典型的一点透视。公路标志线、树木、地平线、白云等多道直线在公路尽头汇聚为一点,如果此时路上出现行人或车辆,就会在我们脑海中加上一道时间的线条:"从哪里来? 到哪里去?"摄像画面中的线条透视,能起到引导观众视线、交代行动轨迹和预示情节发展等作用。

11

 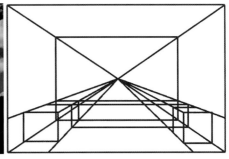

（a）实景图　　　　　　　　　　　　　　（b）抽象示意图

图 1.12　一点透视

---

① 又称消失点、灭点,可以在画面内外的任何地方。

图1.13是两种类型的多点透视。同样是"水立方"(国家游泳中心),由于拍摄角度和镜头焦距的变换,外墙边沿的延长线汇聚点数量有了区别,分别为两个和三个,即两点透视和三点透视。汇聚点越多,物体的立体感越强,所以我们看到的"水立方"图片或视频,大多是从斜侧方向拍摄的。

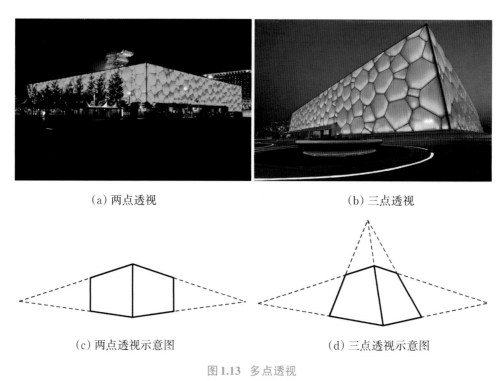

(a) 两点透视　　　　　　　　　　　　(b) 三点透视

(c) 两点透视示意图　　　　　　　　　(d) 三点透视示意图

图1.13　多点透视

1.3.2　空气透视

空气透视又称梯度透视,特征是画面中的物体(包括天空)在空间位置上至少形成近、中、远三个层次,在色彩上表现为近浓远淡,在轮廓和细节上表现为近实远虚,以层递的节奏逐渐融入到空气中。画面层次越多,过渡越细腻,则透视感越强,空间感越真实。

如图1.14所示。房前的树木和房屋是第一层,色彩鲜明,轮廓清晰,细节丰富;屋后的丘陵是第二层,虽然能看清绿色的树林,但树的形态和数量无法辨认;远处的青山是第三层,只有山的轮廓依稀可见,与作为最后一层的天空几乎混为一体。

摄像画面中的空气透视,除了营造空间真实感之外,还能起到突出画面主体、渲染环境氛围等作用。

（a）实景图

（b）示意图

图1.14　空气透视

1.3.3　混合透视

混合透视是对线条透视与空气透视的综合展现,兼具两者特征。如图1.15所示,船舱外墙的红色条纹、船舷扶手和沿岸建筑物等线条在远端汇聚,船身、水面、沿岸、大桥与天空构成多个景观层次。观众此时看到的只是一个静止的瞬间,受视

图1.15　混合透视

野限制,难以准确判断船只行进的方向;如果加入时间变成动态的影像,行进方向便一目了然,展示的内容也会更加丰富。

透视在现实生活中随处可见,经常会悄无声息地溜入镜头,我们应该把这种不自觉变为自觉,有意识、有取舍地运用于拍摄当中。

1.4 电子显像

1.4.1 图像

今天,我们在各种电子显示屏上看到的图像无外乎两种类型:矢量图和位图。矢量图是通过数学方程式计算得出点、线等元素绘制成的,全部在专门的软件内生成[①],而不依靠拍摄。摄像机拍摄生成的图像一定是位图,又称点阵图、栅格图,由大量的单色方块组成。与无论放大多少倍都不会失真的矢量图相比,位图被放大到一定倍数后,就会变得模糊,呈现锯齿状态(图1.16)。

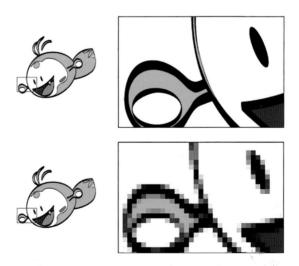

图1.16 矢量图(上)、位图(下)放大效果对比

① 如CorelDRAW、Ai、Flash等。

但是,矢量图不擅长表现色彩的层次过渡,也不适合描绘复杂的对象,因此在影视领域,只适合用于文字特效和图形标志的制作,如电视频道里的台标、角标。与之相比,位图对画面的表现更加丰富、逼真,根源就在于一个个看似微不足道的单色块。

1.4.2　像素

这些单色块称作像素(pixel),是构成位图的基本元素和最小单位。在位图图像中,每个像素块有着固定的位置和颜色,对位置和颜色进行调整就会呈现出不一样的图像。这里可以用我们在大街小巷经常见到的LED①全彩广告牌来进行类比,每个点阵由红、绿、蓝三个LED灯珠组成,通过调节发光强度使三基色混合出一种单色,各个点阵组合在一起形成图像。将每个点阵的面积变大,换上更大的灯珠,发出的光会更亮,广告牌图像更大更显眼;广告牌总面积不变,减小每个点阵的面积,排满更多的点阵,则显示的图像更细腻(图1.17)。

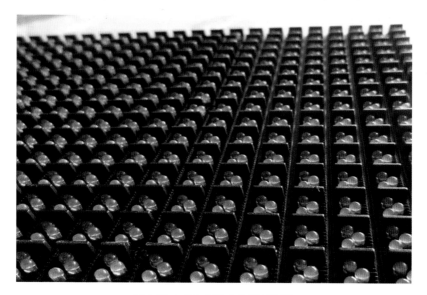

图1.17　LED全彩广告牌(局部)

---

① 发光二极管(light-emitting diode)的英文缩写。

1.4.3　分辨率

对屏幕而言,分辨率指的是屏幕在某一显示模式下的最大像素量,用水平像素量乘以垂直像素量来表示,如720×576、1280×720、1920×1080、2048×1152、4096×2160,也就是所谓的标清、高清(720P)、超高清(1080P)、2K和4K;对图像而言,分辨率指的是每英寸长度内所包含的单行像素个数,计量单位表示为ppi(pixels per inch),也可以用水平像素量乘以垂直像素量来表示。当屏幕或图像的尺寸固定时,分辨率越高,清晰度越高(图1.18)。摄像时,我们可以在器材性能范围内调节拍摄的分辨率,高分辨率带来了更好的画质和更大的后期裁切空间,也对摄像器材的存储空间、电池容量、屏幕的分辨率提出了更高的要求。播放时,影像(图像)分辨率和屏幕分辨率之间是"就低不就高"的关系:当前者高于后者,观众看到的是后者;当前者低于后者,观众看到的则是前者。

 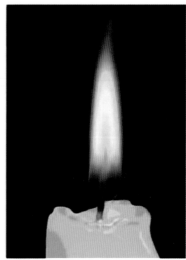

图1.18　分辨率对比(左72 ppi,右300 ppi)

1.4.4 数字显像

摄像是把光信号转化为电子信号,再处理为视频画面进行存储的过程。传统的电子管式摄像机采用摄像管(图1.19)来处理影像,将外界光线分解为像素,转化成电荷及电脉冲信号进行存储或传输。而数字摄像机用体积更小的感光元件[①]取代摄像管,将光电转换、信号存储、信号传输全程进行数字编码,使捕捉光线的灵敏度、成像的分辨率和清晰度、传输时的稳定性大幅提高,传输损耗大幅降低。

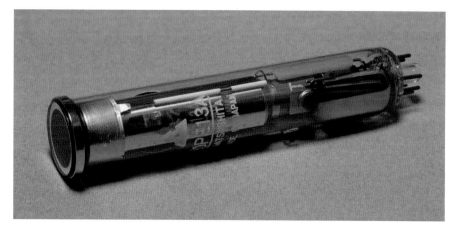

图1.19 摄像管

数字显像的优势还体现在后期处理上。胶片和摄像管对影像的记录方式是线性的、模拟的,后期改动的幅度小、难度大、效果差。数字摄像则属于非线性记录,数字编码可反复重组,还能与电脑动画技术无缝对接,实现各种特效,探索更广阔的创意空间。

---

① "感光元件"是第2章"摄像器材"中的知识点。

1.5 影视案例分析:《火车进站》

1895年,法国的卢米埃尔兄弟①在拉西奥塔火车站拍摄了纪录短片《火车进站》(图1.20),用一个50秒的镜头展示了火车驶进车站的情景。据说在1896年1月首次放映时,观众们看见火车从画面远端呼啸而来,惊恐得离开座位。那时,电影刚刚诞生不久,胶片质量、放映技术等各项指标远谈不上成熟,画质粗糙,黑白色调,可即便如此,还是创造出了超越当时其他艺术形式的真实感,到底是什么原因呢?

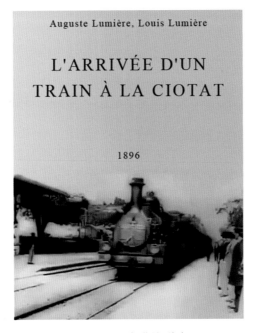

图1.20 《火车进站》海报

事实上,早前已有多人举办过类似的拍摄和放映活动,但都未造成广泛影响。例如大名鼎鼎的托马斯·爱迪生,他领导的团队发明了放映活动影像的装置——电影视镜②,但每次只能供一个人观看(图1.21)。而影像内容多是演员杂耍式的表演

① 奥古斯特·卢米埃尔和路易斯·卢米埃尔。

② 当时在中国被称为"西洋镜"。

动作,拍摄于爱迪生搭建的"黑囚车"摄影棚①内,里面一片漆黑,如同"小孔成像"中的暗房,只有舞台中心一小块位置被光束照亮(图1.22)。

图1.21 爱迪生的电影视镜

图1.22 爱迪生团队拍摄的《安娜贝拉的蝴蝶舞》

卢米埃尔兄弟在爱迪生等人的基础上,经过改良,发明了集拍摄、冲印、放映于一体的"活动电影机",不仅体积小、重量轻,还能借助灯光设备将影像投射到幕布

① 1893年建成,有人认为这是世界上第一座电影摄影棚。反对者则认为爱迪生团队拍摄的影像算不上电影,第一座电影摄影棚应是乔治·梅里埃1897年在法国蒙特路伊市搭建的玻璃顶摄影棚。

上供多人同时观看(图1.23)。而且,兄弟俩选择走出摄影棚,拍摄真实的生活场景,并于1895年12月28日,将《工厂大门》《婴儿的午餐》等10部短片在巴黎一家咖啡馆内售票公映,引起轰动,后来这一天被认定为电影的诞生日。《火车进站》虽然没赶上这个特殊的日子,却在卢米埃尔兄弟所有作品中最负盛名,被模仿得也最多。直至今天,拉西奥塔火车站的站房外墙上仍然悬挂着该片的截图和卢米埃尔兄弟的照片(图1.24)。

图1.23 卢米埃尔兄弟的活动电影机

图1.24 拉西奥塔火车站站房

《火车进站》的拍摄帧率在16～20 fps[①],超过了人眼视觉残留的最低标准,所以在观众眼中,火车的运动因流畅而显得真实。但仅凭这点,并不足以吓到观众,毕竟,火车即将进站停靠时,速度不会太快,拍摄机位也明显是在站台上。然而不知是有意还是无意,卢米埃尔兄弟运用了线条透视,让进站前的火车展现出来势汹汹的压迫感。如图1.25所示,数根笔直的铁轨在画面远端汇聚,观众的视线被自然地吸引过去,这时,火车突然从汇聚点出现,与观众的视线撞个满怀,产生强烈的视觉冲击。

图1.25 火车从远端驶来

场景和透视共同营造了《火车进站》的真实感,确实令当时的观众叹为观止。但以现在的眼光来看,手摇式拍摄所产生的画面抖动、不时出现的掉帧现象、胶片自身的模糊及多年来的自然老化,反而削弱了其真实感。一百多年后的今天,数字技术将影视行业带入了数字时代,也让胶片时代的作品重获新生,如一些经典影片以3D重置版的形式再度上映。2020年初,4K分辨率、60 fps的修复版本《火车进站》被发布到网络上,修复者仅有一人,这位俄罗斯青年利用名为Gigapixel AI的人工智能图像编辑软件,通过填充像素和插入新帧,让原本模糊的影像呈现出接近数字电影的清晰度和流畅度。如图1.26所示,修复前的原片中,火车和人在运动时会

① 直到1927年左右,24 fps才开始成为电影的主流帧率。

产生严重的拖影,各处细节非常模糊;修复后,拖影基本消失,细节表现丰富,画面变得锐利起来。

（a）修复前　　　　　　　　　　　　　　　（b）修复后

图1.26　修复前后的《火车进站》

以《火车进站》为代表的一批早期电影开启了人类视觉艺术的新纪元,如今,数字技术不仅让动态成像更加便捷、清晰,还在真实记录的本职之外,赋予了摄像这门技术更多的创新价值。

第2章

摄 像 器 材

如果可以量化，人眼的分辨率是超越任何摄像器材的，对光线和色彩的感知能力亦然。但在可视距离上，人眼有很大的局限性，更不用说对影像的存储和播放了。摄像器材有效地弥补了人眼的诸多不足，让我们将原本只能独享一次的视觉体验，变成可以共享多次的视觉作品。摄像器材种类繁多，硬件性能、外部造型各有不同，却在基本构造上遵循着一致的思路。

2.1 摄像器材的种类

2.1.1 摄像机

摄像机是伴随着电视出现的，它和用于电影拍摄的摄影机相比，具有功能的集成化、操作的便捷化等特点。数字摄像机按照性能和用途，主要分为消费级、专业级、广播级三个级别。监控、医疗、航天等特殊用途的摄像机不在本书的涵盖范围内。

消费级数字摄像机，就是常说的 DV①。1995 年，日本索尼公司针对家庭用户推出全世界第一台 DV，型号为 DCR-VX1000（图 2.1）。该级别的摄像机适用于不苛求画质的非业务场合，以及某些特殊或极端的拍摄环境，一般不可更换镜头，体积小巧、便于手持，采用全自动模式，通过机身上仅有的电源、录制、菜单、变焦等少

---

① DV 是 digital video 的缩写，本义是以日本企业为主的多家厂商联合制定的"家用数字录像机视频规格"。

量功能键就能实现所有操作,上市价格以一万元①以内为主。款式上,除了传统的手持式,近年来,防抖防水的口袋式摄像机(图2.2)和遥控飞行的航拍式摄像机(图2.3)成为市场新宠,特别是无人机航拍,已发展为一个相对独立的技术门类。总体来看,DV受性能限制,技术门槛相对较低,虽然以索尼为首的日系品牌在这一级别的国内市场占据绝对优势,但是自主品牌尚能从中分一杯羹。

图2.1　DCR-VX1000

图2.2　大疆Osmo Action

24

---

① 本书以人民币为货币单位。

图2.3　大疆御Mavic 2航拍无人机

专业级摄像机针对的是广播电视领域以外的专业用户,适用于对画质有一定要求的中小型业务场合,如宣传片、微电影、婚庆视频等,根据体积重量的大小,分为肩扛式和手持式。从该级别开始,摄像机添加了手动控制功能,机身不仅按键较多,可扩展性也大幅增强,一些机型还能够更换镜头(图2.4),在操作上更贴合专业摄像师甚至电影摄影师的使用习惯,而且上市价格以十万元以内为主,无论是从操作上还是从价格上看,对业余爱好者都不够友好。日系品牌牢牢掌控着该级别的国内市场,其他品牌基本没有存身之地。

(a) 不可更换镜头的PXW-X280　　　　(b) 可更换镜头的PXW-FS5

图2.4　索尼两款专业级摄像机

广播级摄像机针对的则是广电领域,按照使用场合,可大致分为演播用和采访用摄像机。演播用摄像机强调高性能,苛求高画质,适用于各种电视节目的制作,本身的体积和重量虽大,但仍适合肩扛,只是在搭配箱式镜头、导播设备等附件时,需要布置多个固定可旋转的机位来满足演播室、晚会、体育比赛等现场拍摄的需要(图2.5),单机上市价格一般不低于二十万元。采访用摄像机可由前者兼任,也可为了便携考虑,在画质上稍作妥协,使用专业级摄像机。该级别依然是日系品牌的天下。

(a) 索尼HDC-4300　　　　　　　　　(b) 箱式镜头套件

图 2.5　广播级摄像机

上述级别之间并不是完全割裂的,如消费级的航拍无人机,就经常应用于专业级、广播级乃至电影级的业务场合,而高端的专业级摄像机与广播级之间的差距也逐步缩小。

2.1.2　照相机

英语中,照相机、摄像机、摄影机都叫作camera,视频拍摄功能如今已基本成为照相机的标配,也让这个英文名称显得更加合理。用于拍摄视频的数码照相机,可按是否支持更换镜头来分类。

首先是不可更换镜头的卡片相机。和消费级摄像机一样,卡片相机采用全自动的操作模式,简单易用,并且更加小巧灵活,但受制于成本和体积,在视频性能上相对孱弱。随着智能手机的普及发展,卡片相机的市场定位变得尴尬起来,赖以依存的低端市场被迅速蚕食,产销量日渐下滑,产品线变窄,新品上市时的售价鲜有超过五千元的。即便有少数例外,也只是与同类产品相比较而言,不能对其画质抱有超越消费级的期待(图2.6)。

图2.6　著名的"黑卡"相机——索尼**RX100**系列

　　然后是可更换镜头的相机,包括单反和无反(图2.7)。单反指单镜头反光相机,无反指无反光板相机,有无反光板是两者在硬件构造上的主要差别,但这一差别只作用于照片摄影,即采用何种取景方式——光学取景或电子取景。在摄像模式下,单反会将反光板抬起,采用和无反同样的电子取景,反光板此时不仅起不到任何作用,还导致机身的体积和重量大大超过无反。这是佳能、尼康等单反厂商纷纷转战无反市场的原因之一。

27

(a) 佳能5D MarkⅡ单反相机　　　　　(b) 索尼ILCE-7M3无反相机

图2.7　单反和无反相机

　　尽管如此,单反仍然比摄像机轻便许多,并且感光元件的尺寸普遍大于消费级摄像机,画质接近专业级,加上两万元以内的上市价格,成为许多业余爱好者与中小型团队的首选,甚至被一些大制作用来担任辅助机位。例如2010年的网络电影《老男孩》,就是用佳能5D MarkⅡ——世界首款可拍摄1080P视频的单反相机——拍摄的(图2.8)。直到2017年,5D MarkⅡ之后又一款划时代产品——索尼ILCE-7M3①——的问世,让无反开始取代单反在视频领域的地位。

图2.8 《老男孩》剧照

2.1.3　智能手机

　　用户发布在各个自媒体平台上的原创短视频,大多是用智能手机拍摄的。摄像已从手机的一项附加功能,发展成为各大厂商竞争的主战场。有些品牌在广告中宣传自家手机可以拍出电影效果,事实上,仅靠手机是做不到那种程度的,技术参数的华丽并不意味着手机拥有比肩照相机和摄像机的实力,特别在对焦性能、画面宽容度上,差距依然明显。

　　手机摄像的最大魅力在于三个方面:一是成本低廉,摄像功能早已成为智能手机的标配;二是操作快捷,用户可以随时随地进行拍摄,并在手机上快速完成剪辑,还能即时上传网络;三是学习方便,摄像初学者可用手机进行构图、运镜等基本功练习。这一市场终于不再是日系品牌的天下,国产手机品牌的成绩十分耀眼(图2.9)。

_____

① 又称α7Ⅲ。

图2.9 华为某款手机背面的摄像头

2.2 摄像器材的品牌与选择

29

2.2.1 日系品牌

20世纪90年代中期,索尼、松下等日本厂商牵头成立"高清晰数字录像机协会",推出了DV的规格标准和首代产品。很快地,日系品牌坐上了数字摄像领域的头把交椅,时至今日,已经占据了绝大部分的市场份额。

曾经很长一段时间内,索尼、松下、JVC这三大品牌成鼎足之势。如今,格局发生了变化:索尼一马当先,不仅巩固了在摄像机各个级别上的龙头地位,还在无反相机市场抢占先机,推出了数款畅销产品;松下原本在广播级摄像机上拥有较大优势,但现在已被索尼反超,无反相机的产品线也比较单一;JVC则悄然退出了第一阵营。而佳能、尼康、富士这些传统单反厂商,纷纷进军摄像市场,特别是佳能,在无反相机和专业级摄像机(图2.10)两条赛道上均保持着强劲势头。

图 2.10　佳能 C300 系列摄像机

　　总体来看,日系品牌技术成熟,产品更新换代有条不紊,讲求性能上的可靠耐用、功能上的高度集成和操控上的简便智能,在市场策略方面,注意拉开产品之间的档次定位、价格区间,覆盖不同需求的客户群体。

2.2.2　欧美品牌

　　欧美品牌主攻电影摄影领域,同时也考虑到市场需求,推出了一些兼顾摄像的低端摄影机产品,如 ARRI 的 Amira 和 Alexa Mini、RED 的 Raven 和 Komodo、Blackmagic Design①的 URSA Mini,画质好于专业级摄像机。

　　欧美品牌拥有最尖端技术,产品更新换代较快,性能上追求极致完美,在功能上渐趋模块化,单个模块只承担局部功能。如图 2.11 所示,左边的主机身至少需搭配镜头、小监视器、电池、固态硬盘、手柄等模块才能完成最基本的拍摄,这些价格不菲的模块需要单独购买,并且只有在专人操控下才能发挥最大功效,无疑增加了成本负担和操控难度。因此,即便是上述低端机型,对普通消费者和业务量有限的小团队来说,租赁比购买更合适。当然也有例外,如 Blackmagic Design 推出的口袋摄影机 BMPCC 系列(图 2.12),体积和售价接近单反相机,视频拍摄性能却远远超出后者。

---

　　① Blackmagic Design 的总部坐落在澳洲,全世界多地设有分公司。

图 2.11 RED 摄影机主机身和基本套装

图 2.12 BMPCC 6K

2.2.3 国产品牌

国产品牌起步较晚,长期驻足于消费级摄像机的低端市场当中。近年来,一些新兴品牌寻求突破,并取得了不错的成绩。例如大疆推出的多款民用航拍无人机和运动相机[1],因其卓越的性能与合理的售价行销全球,瓦解了欧美厂商的垄断地位;又如卓曜、Z CAM 学习欧美品牌的模块化设计理念,在摄影机领域发力,接连推出一批具有较高性价比、兼顾摄像需求的产品,在海外累积起一定的知名度

---

[1] 见图 2.2 和图 2.3。

（图 2.13）。

（a）卓曜 MAVO Edge   （b）Z CAM E2-F6

图 2.13　卓曜和 Z CAM 摄影机主机身

与此同时，我们应该清醒地认识到，国产品牌在感光元件等一些核心技术上还受制于人，产品线不够丰富，出厂前的品控和使用中的可靠性尚待提升。

2.2.4　器材的选择

摄像器材种类繁多，用户在选择时应从四个方面综合考量。

一是使用频率。如果长期从事摄像工作，拍摄量较大，建议自己购买；反之，则建议临时租赁。

二是主要用途。用于日常或户外运动记录，器材的便携性是首要条件；用于业务场合，以可靠性和画质为重。

三是预算范围。除了机身，预算还应把镜头、电池、附件等因素考虑在内，此外，还要考虑到是否需要额外聘请操控人员。

四是上市时间。摄像器材更新换代很快，所以有"买新不买旧"的说法，但最佳的购买时机是新品上市后半年左右，这时产品已经过市场检验，价格也趋于稳定。

本书以索尼专业级摄像机 PXW-FS5[①]作为相关知识点的主要参照器材。

---

① 外形见图 2.4（b）、图 2.14 和图 2.20。

2.3 摄像机的构造

2.3.1 外形构造与功能构造

从外形上看,专业级摄像机一般由机身、镜头、小监视器、取景目镜、侧手柄、上提手柄、拾音话筒、电池仓等部分组成(图2.14)。机身用于承载内部元器件和几乎所有功能键;镜头与机身前端连接在一起,用于捕捉影像;小监视器和取景目镜功能类似,提供了两种观察镜头取景效果和设置功能菜单的方式;侧手柄用于大多数时候的右手握持操作,上提手柄用于拎式持机的握持操作和抱式持机的辅助握持[1],两者都设有录制和变焦的功能键;拾音话筒用于拾取拍摄时的同期声;电池仓内电池提供拍摄所需的电力。

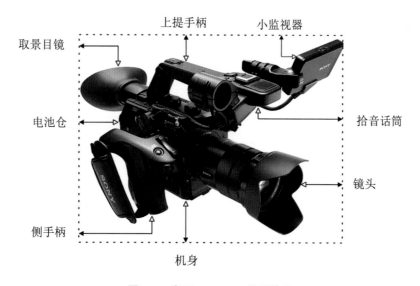

图2.14 索尼PXW-FS5外形构造

---

[1] "拎式"和"抱式"持机是第4章"摄像操作要领"中的知识点。

从功能上看,一台可正常工作的摄像机,无论属于何种级别,甚至包括照相机和智能手机在内,均具备感光元件、取景系统、控制单元、拾音话筒、存储介质、供电装置、拓展接口等七大功能模块。

2.3.2 感光元件

作为摄像机的大脑,感光元件又被称作图像传感器,其工作原理是将镜头摄取的光线分解为红、绿、蓝三基色,再转换为电荷及电脉冲信号,通过编码形成供人观看的视频图像。常见的感光元件有两种——CCD和CMOS[①]。相较而言,CCD胜在灵敏度、信噪比[②]和分辨率,而CMOS由于电能消耗、响应速度、制造成本等方面的优势,市场占有率更高(图2.15)。

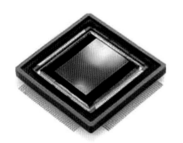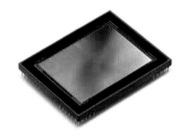

图2.15 CCD(左)和CMOS(右)

感光面——即感光元件的感光表面——布满了像素块。在感光面尺寸固定的前提下,像素越多,对光线感知得越灵敏,表现得越细腻,画质会越好;而感光面尺寸越大,意味着能容纳更多的像素,当然价格也更贵。此外,尺寸大小还会带来其他影响,诸如机身的体积重量、光学镜头的等效焦距[③],等等。因此在衡量摄像器材的性能时,如果只谈像素多少,不谈感光面尺寸,是没有意义的。现在很多手机的拍摄像素已超过主流摄像机,画质上却差之甚远,原因正在于此。

---

① 分别为电荷耦合器件(charge-coupled device)和互补金属氧化物半导体(complementary metal oxide semiconductor)的英文缩写。

② 灵敏度指捕捉光信号的能力;信噪比指在处理光信号时,有用信号与无用信号(噪点)的功率比值。

③ "等效焦距"是第5章"摄像镜头语言"中的知识点。

　　感光面的尺寸又称画幅,有两种标识方法:一是按对角线长度,如1/2英寸、2/3英寸、4/3英寸[①],一般用于标识画幅较小的感光面;二是按表面积,如23.4毫米×15.6毫米、36毫米×24毫米,即所谓的APS-C[②]、全画幅。图2.16用对比的方式,展示了摄像器材市场上几种常见的画幅。曾经在很长一段时期里,全画幅的概念只存在于照片摄影领域,电影摄影机普遍采用24.6毫米×13.8毫米的Super35规格感光面,尺寸与APS-C接近,而摄像机的感光面尺寸普遍不超过1英寸。为弥补尺寸上的劣势,部分型号的摄像机采用三片式结构的感光系统,例如索尼的PXW-X280[③]采用了三片1/2英寸CMOS。这样做的优点是,每片感光元件虽然尺寸不大,但胜在分工明确,各自负责接收和转换三基色当中的一种光色,对色彩的还原度更佳,而缺点主要在于机身体积重量、耗电量和购置成本上。近年来,一些厂商推出了全画幅的摄像机产品,6K、8K分辨率也陆续登场。

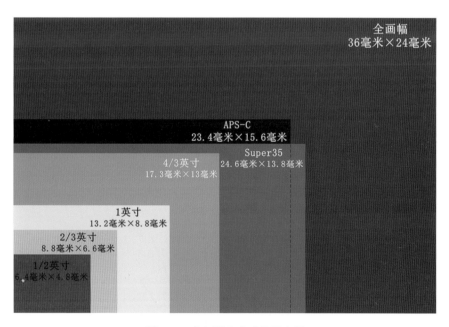

图2.16　感光面尺寸对比示意图

　　[①] 在相机感光元件上,1英寸不是按25.4毫米来换算的,而是遵照光学格式的换算标准:感光面对角线大于等于8毫米时,1英寸"等于"16毫米;对角线长度小于8毫米时,1英寸"等于"18毫米。

　　[②] 又称半画幅,不同品牌在其具体规格上略有差异。

　　[③] 见图2.4(a)。

在感光元件的其他指标中,感光度(增益)控制着感光的灵敏度,快门速度控制着感光的时长,两者在本书第3章"摄像曝光"中会有详细介绍。

2.3.3 取景系统

取景系统是摄像机的眼睛,狭义上指小监视器和取景目镜,广义上则包含了光学镜头。外部光线是通过镜头被感光元件接收到的,镜头才是取景的核心要素,小监视器、取景目镜都是以之为依托的。

镜头按焦距长短,可分为广角、中焦、长焦,还可细分出超广角、中长焦和超长焦等类型,与之对应的焦段(焦距范围),习惯上是以全画幅感光元件为参照系来划定的。当我们用全画幅摄像机搭配焦距在43毫米左右①的镜头来取景时,被摄体在画面里呈现出的大小与人眼实际看到的大小是差不多的,空间透视效果亦然,因此,43毫米上下一定范围内的焦距又被称为中焦或标准焦距。除了影响被摄体成像大小和空间透视效果,镜头的焦距还与视角息息相关,如图2.17所示:焦距越短,

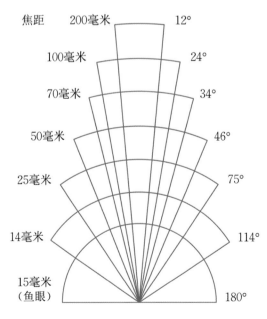

图2.17 焦距与视角的对应关系(按全画幅标准)

---

① 也是全画幅感光面的对角线长度。

视角越广;焦距越长,视角越窄。不同焦段在画面表达效果上的具体差异,将在第5章"摄像镜头语言"中介绍。

　　镜头按功能结构,分为定焦和变焦(图2.18)。定焦镜头只有一个固定的焦距,拍摄者想要改变被摄体在画面中的大小,必须让摄像机或被摄体发生位移。变焦镜头上多了一圈变焦环,可在一定范围内随意变换焦距,让拍摄者不用位移就能轻松改变视角大小,但透视效果也随之改变。拿同品牌、同焦段、同等价位的两者来比较,定焦镜头具有体积小、结构简单、成本低廉、光学素质佳、透视效果稳定等优势,更受追求极致画质的拍摄者青睐,电影镜头大多采用定焦便是明证。

图2.18　变焦镜头(左)和定焦镜头(右)

　　镜头按对焦模式,分为自动对焦和手动对焦[①],有些镜头兼具两种模式,可通过镜头或机身上的功能键自由切换(图2.19)。对焦是通过调节镜头与感光面之间的距离,改变像距,使被摄体在感光面清晰成像的过程。自动对焦镜头简称自动镜头,是将对焦交给摄像机来计算、处理,具有便捷性和被动性,适合注重时效的纪实类节目拍摄,但在面对复杂的拍摄环境时,容易出现偏差。手动对焦镜头简称手动镜头,是由拍摄者根据现场实际需要,通过转动镜头上的对焦环来控制对焦,具有准确性和主动性,适合注重艺术表现的影视创作,以及不适合自动对焦的场合。摄像初学者应自觉加强手动对焦练习,达到熟练运用的程度。

----

　　① 两种对焦模式通常用AF、MF来标识。

图2.19 镜头上的对焦模式切换键

此外,镜头内部还有一个控制进光量的装置——光圈,在第3章"摄像曝光"中会有详细介绍。

小监视器的"小",一指体积和重量小,能被摄像机支撑起来;二指屏幕尺寸小,监看效果不如大监视器①。小监视器又分摄像机自带和另配两种,后者的屏幕尺寸往往大于前者。

取景目镜又称电子取景器(EVF),在功能上与小监视器基本一致,之所以如此安排,是基于使用习惯、机位高度、光照环境这三个方面的考虑。对习惯使用取景目镜的人来说,当摄像机高度过高或过低时,只能观看可自由翻转的小监视器;对习惯使用小监视器的人来说,在缺少遮挡的强光环境中,小监视器液晶屏反光严重,只有贴近取景目镜才能看清影像。

2.3.4 控制单元

控制单元是摄像机的四肢,摄像功能要通过各种物理的或虚拟的功能键来实现。

物理功能键分布于机身、镜头和手柄上。有些属于摁压型,如录制键、菜单键、快捷键等;有些属于拨杆型,如开关键、挡位键、对焦模式切换键等;有些属于滚轮型,如变焦环、对焦环、拨盘等。图2.20以索尼PXW-FS5摄像机左侧机身为例,三

---

① 大监视器无法架设到摄像机上,只能通过有线或无线的方式来连接。

种类型功能键分别用红、绿、蓝色虚线框出。物理功能键触感清晰、操作快捷,但在使用过程中,容易因磨损导致失灵。

图 2.20　索尼 PXW-FS5 左侧机身

虚拟功能键的操作方式分两种:一是通过菜单键在小监视器上调取出来,再用其他物理功能键来操作;二是以虚拟按键的形式显示在具有触控功能的小监视器或其他屏幕[①]上,用手指点击来操作。其优点在于将各种功能归入一级级的菜单中,设置起来更加直观、简单,却也因此延缓了操作速度。

总体来看,摄像机的操控是朝着简单化、智能化、远程化方向发展的。

2.3.5　拾音话筒

拾音话筒是摄像机的耳朵,有时候,拍摄现场的声音采集也很重要。拾音话筒的类型可按有指向和无指向、内置和外置、有线和无线来划分。

_____

① 如手机屏幕。

有指向的拾音话筒,分单指向和双指向。前者对前方的声音更具灵敏度,如采访用的枪式话筒;后者是从前方和后方拾取声音,适用于录音棚环境。无指向,又称全指向,即拾音话筒在所有方向上具有均等的灵敏度,内置话筒一般采用这种类型。

内置话筒是摄像机自带的,一般位于机身或上提手柄的前端,拾音距离短、范围小、杂音多,没有明确的指向性,只能满足最基本的需要,无法应对复杂的声音环境。外置话筒通过有线或无线的方式与机身连接(图2.21),可根据机身上的音频接口类型及实际需求来选择适宜的型号,专业的外置话筒具有拾音距离远、范围大、杂音少的优点,再搭配挑杆、录音机、调音台、监听耳机等设备,适用于绝大多数业务场合。

（a）有线话筒　　　　　　　　　　（b）无线话筒

图2.21　外置话筒

2.3.6　存储介质、供电装置与拓展接口

存储介质是摄像机的行囊,摄像机借助存储卡、硬盘等介质(图2.22),对所拍摄影像进行即时存储。因为是用来存储动态的影像,所以尽量选择空间大、传输快的存储介质。随着大数据技术的成熟,本地存储不再是唯一方式,越来越多的摄像机开始支持云端存储。

图2.22　SD存储卡(左)和固态硬盘(右)

供电装置是摄像机的食粮,没有电是绝对无法拍摄的。摄像机本身属于弱电系统,不能直接用交流电(AC)供电,要把交流电转换为直流电(DC)才行,方式有两种:一是使用直流供电的电池,优点是机位移动不受限;二是使用电源适配器,把交流电转换为直流电,优点是能够持续供电(图2.23)。

图2.23　摄像机电池(左)和电源适配器(右)

拓展接口是摄像机的工具,其作用有二:一是连接话筒、耳机、监视器、电脑等外部音视频设备,进行音视频的传输;二是连接三脚架、稳定器、套件等辅助设备,帮助拍摄者充分挖掘摄像机的潜能。

2.4 影视案例分析:《三分钟》

2018年2月初,农历新年前夕,一部名为《三分钟》的7分钟短片出现在网络上,讲述了一对母子短暂的春节团聚。短片迅速走红,除了感人的剧情外,其最大卖点并不在于导演陈可辛的名气,也非"贺岁片"的名头,而是拍摄设备的名称,因为宣传海报和片头中出现了"用iPhone X拍摄"的字样(图2.24)。这其实是·部展示手机视频拍摄性能的广告片,却容易让消费者产生一种错觉,认为自己只要拥有这款手机就能拍出同样水准的作品,事实上,连陈可辛自己都无法做到。有看过拍摄花絮的网友打趣道:"在整个拍摄过程中,最不重要的,可能就是那部iPhone X。"

图 2.24 《三分钟》海报

在开篇的远景航拍镜头画面中，一个女声将故事背景娓娓道来：她是这列长途列车上的乘务员，已连续数年在过年期间值班，无法和年幼的儿子团圆，今年也不例外。这个镜头是借助大疆M600 pro无人机拍摄的（图2.25），该款专业级无人机的上市价格是iPhone X的四倍左右。

图2.25　航拍画面及所用器材

不一会儿，这位年轻的母亲露面了，她在工作间隙，看着车窗外飞逝的风景，思绪飞到即将上小学的儿子身上……列车每次途经家乡的火车站时，只会停靠三分钟，她和帮助照看儿子的妹妹约好，今年过年母子俩在站台见面。片中有多个镜头的机位是置于车厢外的，为安全考虑，用高韧度防抖支架代替拍摄者，将手机固定在飞驰的列车外部，从实拍效果看，抖动被抑制得较好（图2.26）。

车厢里，旅客们沉浸在过年回家的快乐当中，在外忙碌了一年的他们，此时卸下所有压力，无比放松，或游戏，或唱歌，或聊天，或酣睡，画面灵动而平稳，随之出现的，是淡淡的背景音乐声和各种欢快而不嘈杂的同期声。在颠簸的绿皮火车上，要保持画面平稳，必须使用稳定器，至于对现场同期声的高质量采集，手机是无法胜任的，要靠专门的拾音设备——录音机、挑杆和套上防风罩的拾音话筒——来完成（图2.27）。

图 2.26　车厢外的机位

图 2.27　手持稳定器拍摄和现场同期声采集

　　列车进站了,画面中出现了三分钟倒计时的标记。儿子一直在站台最前端等待,母亲的车厢却在中间位置,所以当列车停稳时,母子俩还隔着很远的距离。母亲按捺住焦急的心情,认真履行岗位职责,引导旅客下车上车。为了展现站台的繁忙景象,需要抬高机位来进行大场景俯摄,此时,摇臂和外置监视器就派上了用场,前者帮助手机平稳上升到人手不能及的高度,后者解决了手机升高后拍摄者看不清屏幕的问题(图2.28)。

图 2.28　用摇臂和外置监视器来拍摄大场景

　　另一边,儿子朝着母亲的方向,在人潮中艰难穿行。手机通过支架和稳定器固定在小演员身上,制造出主观视点[1]的效果,导演认为这样"出来的运动节奏和高度更接近一个小孩能看到的真实"(图2.29)。

---

　　[1] "主观视点"是第5章"摄像镜头语言"中的知识点。

图 2.29　小孩的主观视点拍摄

　　儿子在小姨的帮助下,终于来到母亲身边,等她将最后一位旅客送进车厢后,开始背诵九九乘法表。母亲这才想起,上次见面时自己曾吓唬儿子,背不完乘法表就不能上小学,更见不到妈妈,儿子竟然当真了。时间一秒一秒地流逝,看着儿子不听自己的劝阻,坚持背诵下去,母亲百感交集。在这几个以特写为主的镜头中,有三点值得注意:人物脸部较为扁平,画面的景深很小,母子俩靠近车厢的侧脸更明亮(图2.30)。前两点通常要靠长焦镜头来实现,而iPhone X背面双摄像头的等效焦距分别属于广角和中焦,有人在网上爆料称,片中一些镜头是手机转接蔡司85毫米镜头拍摄的,但这种说法并未得到证实;第三点则说明车厢一侧布置有灯光设备,因为从其他镜头中可以发现,车厢挡住了阳光,光线本应较弱才对。

图2.30　母子俩的特写镜头

47

　　倒计时结束前几秒,儿子终于背完了乘法表,列车缓缓开动,母子俩隔着车门挥手道别,倒计时归于0秒(图2.31)。这里的0意味深长,是会面的结束,是孩子完成任务后的满足,也是铁路工作者们无私付出换来的万家团圆,短片的主题在片尾一张张旅客家庭团圆照片中得到升华。

图2.31　倒计时归零

　　《三分钟》是按电影流程来摄制的,使用到的器材还有很多。这部短片从拍摄角度带给我们的启发是:一部佳作,除了要有精妙的构思外,还要依靠专业的团队和必要的器材。上述条件达到后,把iPhone X换成其他手机品牌的主力机型,并不会有太多差别。

第3章

摄 像 曝 光

"重要的不是镜头,而是镜头后面的人头",这是在照片摄影圈广为流传的一句名言,同样也适用于摄像。摄像的曝光是把外界光线转化为电子信号,再处理为视频画面,如果不注重对光线的把控,高性能的器材也只会拍摄出低质量的影像。虽然摄像器材愈加智能化,但一名合格的摄像师不能过分依赖自动曝光,而应熟悉并利用好手中的器材,根据现场环境来手动控制曝光。

3.1 曝光的三种情形

3.1.1 色阶

从一段视频影像中截取一帧图像,将所有像素按亮度由低到高划分为若干个层级,层级分得越多,说明画质越精细。这个亮度层级又称色阶,展示的是色彩明度的变化,最顶层表现为明度最高的白色,最底层表现为明度最低的黑色。在256级色阶的RGB色彩模式中,红、绿、蓝各自分为256个亮度层级,以0~255作为色阶取值范围,各个色阶值的三基色进行排列组合(256×256×256),可呈现的色彩有16777216种之多,每种色彩都可用三基色的色阶值来标识。例如,"0,0,0"代表黑色,即三基色的明度均为零,"255,255,255"则代表明度最高的白色。

色阶可大致分成黑、阴影、中间调、高光、白等五段区间。黑并非物体本身的颜色,而是指亮度接近零,看不见任何细节;阴影又称暗部,亮度较低,但其中的细节仍然依稀可辨;中间调又称标准调,亮度适中,细节清晰;高光又称亮部,亮度较高,细节依稀可辨;白也不是指真正的白色,而是亮度高到看不见任何细节。专业级摄像机自带的"色阶直方图"功能可以将这种亮度分布情况以量化的形态显现出来,即按照左暗右亮的布局,图像中每段色阶区间包含多少像素(图3.1),为拍摄者提供最客观的曝光参考,是辅助曝光的利器。

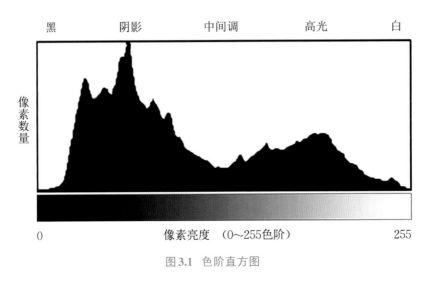

图3.1　色阶直方图

3.1.2　曝光准确

曝光准确有两种含义。

一是正常曝光,指准确还原了人眼在白天或在明亮处所感知到的光照环境。一般来说,正常曝光的影像中,黑和白所占区域很小,阴影、中间调和高光层次分明、细节丰富。显现在色阶直方图上,像素堆积成连绵起伏的"山峦","山脚"基本位于左右边框内,没有溢出(图3.2)。

图3.2 正常曝光

二是指符合创作意图的曝光。当现场光线不适宜表达既定的主题,如过亮或过暗时,拍摄者可以通过调整参数来控制曝光,使最终呈现出的光照效果与现场感知的有所出入。有时还会通过刻意为之的曝光不足、曝光过度,来制造各种特殊的场景效果,如白天拍摄夜戏、室内拍摄室外戏等。

3.1.3 曝光不足

曝光不足又称欠曝,分以下两种情况。

一是整体欠曝,指图像整体偏黑灰色调,色彩纯度偏低,细节模糊,不能真实地反映现场光照环境。欠曝的画面中,黑和阴影占比最大,中间调次之,高光和白几近于无。显现在色阶直方图上,像素堆积的"山峦"集中在左侧,"山峰"紧贴左边框,越向右延伸"海拔"越低,直至消失(图3.3)。

51

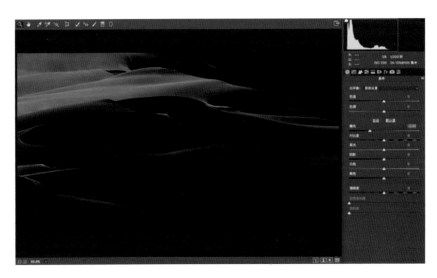

图 3.3　整体欠曝

二是局部欠曝,指图像中的重要局部亮度过低,与其他部分形成明显反差。例如拍摄逆光环境下的物体,如果没有刻意针对被摄体进行测光,容易造成背景正常曝光、被摄体欠曝的情况(图3.4)。此时可以通过减小光比来解决,如局部补光或改变光照方向,这就属于第7章"摄像用光"的知识范畴了。

图 3.4　局部欠曝

有些欠曝是在无意中造成的,属于失误。还有一些欠曝是刻意为之的,属于一种创作手法,如表现阴郁的心情、压抑的氛围、未知的前路等。

3.1.4　曝光过度

曝光过度又称过曝,也分两种情况。

一是整体过曝,指图像整体偏亮、泛白,细节丢失较多,不能真实地反映现场光照环境。与欠曝相反,在过曝的画面中,白和高光占比最大,中间调次之,阴影和黑几近于无。显现在色阶直方图上,"山峦"集中在右侧,"山峰"紧贴右边框,越往左延伸"海拔"越低,直至消失(图3.5)。

图3.5　整体过曝

二是局部过曝,指图像中的重要局部亮度过高,与其他部分形成明显反差。依然以拍摄逆光环境下的物体为例,针对被摄体进行测光,被摄体的曝光是正常的,但背景很可能会过曝。图3.6(a)与图3.4拍摄于同一时间段,除了改变摄像机的曝光参数外,未做其他任何调整。有个细节值得注意,图3.4背景玻璃上有个明显的黑点,而图3.6(a)中却几乎看不见了,这是过曝造成的。图3.6(b)是摄像机小监视器开启了自带的"斑马线"功能①,可以即时反馈图像中任何区域的过曝情况。

————————

① 又称"斑马纹",与"色阶直方图"同属专业级摄像机的曝光辅助功能。

（a）背景过曝

（b）监视器开启斑马线

图3.6　局部过曝

　　过曝的产生也分为无意和有意，前者属于失误，后者属于创作，如表现焦灼的心情、炽热的氛围、光明的前方等。

3.2　曝光"铁三角"

3.2.1　光圈

　　过曝与欠曝，首先取决于镜头在拍摄时的进光量。摄像镜头中除了镜片外，还有一个重要装置——光圈。光圈由按螺旋收拢状排列的若干叶片组成，可以通过镜头或机身来改变开口大小。开口越大，镜头进光量越多；开口越小，镜头进光量越少（图3.7）。

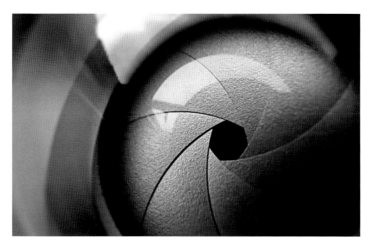

图 3.7　光圈外观

光圈值是对光圈开口大小的量化,通常用前缀"F/"加上数字来表示[①],如 F/5.6。这里需要牢记的是,光圈值与光圈开口大小成反比:光圈值的数字越大,代表开口越小,进光量就越少,反之同理。在其他曝光参数保持不变的前提下,光圈值与曝光亮度成反比。光圈值乘以 1.414,代表光圈缩小一挡,曝光亮度相应降低一半(图3.8)。

55

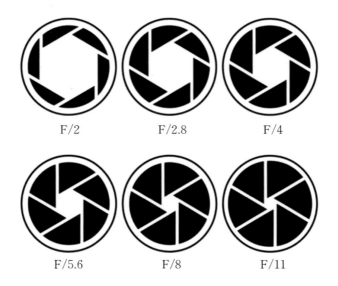

图 3.8　光圈挡位示意图

① 光圈值有 F 值和 T 值两种制式,计算方法不同,电影摄影镜头一般采用后者,前缀是"T/"。

　　光圈的变化也会引起景深的变化。景深即对焦范围,指被摄体被焦点对准时,前后能相对清晰成像的距离,对焦范围内简称为焦内;反之,简称为焦外。对焦范围广(大景深)时,场景信息清晰,重点不突出;对焦范围窄(小景深)时,场景信息模糊,重点被突出(图3.9)。当影响景深的其他因素①均保持不变时,光圈开口大小与景深大小成反比,即光圈值大小与景深大小成正比。

图3.9　大景深(上)和小景深(下)

　　在拍摄中,使用大光圈(数值小)和小光圈(数值大)有着各自的优势。大光圈由于进光量多,适合在光照不足情况下的拍摄,而当光照充足时,可以营造出环境的虚化效果,突出主体;小光圈适合表现整体环境,对焦更加简单,成像更加锐利。摄像机身上控制光圈的按键通常用英文"IRIS"标识②。

---

① 影响景深的因素除了光圈,还有焦距和物距,在第5章"摄像镜头语言"中会有介绍。

② 见图2.20,下同。

3.2.2　快门

　　曝光的第二个决定因素是快门。与那种通过开闭快门帘来实现曝光的机械快门(图3.10)不同,数字摄像机的快门并非有形的机械装置,而是无形的程序设置,利用CCD、CMOS感光元件不通电就不感光的工作原理,控制通电时长来模拟机械快门的开合,因此又称电子快门。

图3.10　机械快门

　　如果说光圈决定的是某一瞬间进光量的多少,那么快门决定的则是这一瞬间持续了多久。快门速度以秒为单位,速度快于1秒时,数值一般采用"几分之一"的分数形式。数值越小,时间越短,进光量就越少;数值越大,时间越长,进光量就越多。在其他曝光参数保持不变的前提下,快门速度与曝光亮度成反比。快门速度提高一倍(数值除以2),代表快门增加一挡,曝光亮度相应降低一半。

　　除了曝光亮度,快门速度还能直接影响成像的清晰度和流畅度。当被摄体处于运动中,或者摄像机发生移动、抖动时,快门速度过慢,极易造成被摄体乃至整个画面的模糊(图3.11)。这种模糊效果符合人眼的正常体验,拍摄中有时会被刻意保留,以贴近主观真实或制造艺术效果;如果不想保留,应将快门速度的分母数值设为拍摄帧率的一倍及以上,最好不低于两倍,例如拍摄帧率为25 fps,则快门速度尽量不慢于1/50秒,这就是摄像中所谓的"安全快门"。在必须使用慢速快门的情况下,应当使用三脚架、稳定器等设备来辅助拍摄。但是,快门速度也不能一味求快。仍以25 fps的拍摄帧率为例,将快门速度设置成1/500秒,意味着快门每秒"打开"25次,每次仅持续1/500秒,其余时间都是"闭合"的,帧与帧之间的动作间隔较大,播放出来就显得不够流畅。

图3.11 快门速度示意图

如果是在灯光环境下拍摄,还要考虑到灯具的电流频率。电流频率的计量单位是赫兹(Hz),各个国家和地区的民用交流电标准频率并不统一,分为50 Hz与60 Hz两种。我国采用50 Hz,灯光的闪烁频率是电流频率的2倍,达到100 Hz,即每秒钟闪烁100次。在这种灯光环境下拍摄,当快门速度快于1/100秒,或者分母不能整除100时,成像画面容易出现肉眼可见的频闪(图3.12)。在正常拍摄模式下,将快门速度设置为1/50秒或1/100秒,能有效避免成像中的频闪[1]。

————————————

[1] 避免频闪还有一个更简单的办法,就是将拍摄帧率设为能整除灯光闪烁频率的数值。

图3.12　频闪

摄像机身上控制快门的按键通常用英文"SHUTTER"标识。

3.2.3　感光度（增益）

从字面上就能了解,感光度指感光元件对光线的敏感程度,用ISO作为数值前缀。数值乘以2,如ISO100和ISO200,或ISO800和ISO1600,代表感光度增加一挡,曝光亮度相应升高一倍。不同机型感光度数值范围和低中高的区间划分不尽相同,例如摄像机的原生感光度——感光元件自身的最低感光度——就普遍高于单反相机,即便标示了同样的数值,实际感光能力也可能是有差异的。同一机型,感光度越高,感受光线的能力越强,这是因为感光元件提高了信号接收能力,但信号中的电子噪点也随之被放大。

如图3.13所示,上排三个画面模拟了同一暗光(照度低)场景中,不同区间感光度的拍摄效果,下排三个画面模拟了不同的照度条件下,为达到同样的曝光亮度,使用不同区间感光度的拍摄效果。可见,低感光度(低感)适用于光照条件好(照度高)的拍摄环境,能获得明亮且清晰——亮度适中、正常曝光、信噪比高——的成像效果;高感光度(高感)适用于光照条件差(照度低)的拍摄环境中,能获得明亮却不清晰——亮度适中、正常曝光、信噪比低——的成像效果。所以拍摄时,在曝光准确的前提下,将摄像机感光度尽量调低,可以得到纯净的画质。

低感光度　　　　　　　　　中感光度　　　　　　　　　高感光度

图3.13　感光度变化示意图

　　增益是数字摄像机感光能力的另一种数值表现方式。其实,"感光度"的提法源自胶片摄影,而数字摄像的"感光度",应理解为"感光元件的原生感光度＋增益",是在原生感光度的基础上,通过增加感光元件的电平来提高感光能力。增益的计量单位是分贝(dB),0 dB代表原生感光度,每增加6 dB相当于感光度增加一挡,这样更利于拍摄者掌控自己熟悉的器材。增益同样会放大信号中的噪点。

　　在摄像机机身上,感光度和增益要么只显示其中之一,要么共占一个按键,用英文"ISO/GAIN"来标识。

3.2.4　"铁三角"与干预曝光

　　光圈、快门与感光度(增益)共同构成了曝光的"铁三角"。掌握曝光"铁三角",有两个用处——改变曝光亮度和维持曝光亮度。

　　与简单快捷的自动曝光相比,手动曝光胜在精准可控。如图3.14所示,将光圈值、快门速度、感光度(增益)当作三角形的三条边,改动其中一边的数值,曝光亮度会就升高或降低;再调整另外一或两边的数值,可将曝光亮度拉回到之前的水平,但成像效果发生了变化。例如,感光度不变,光圈值调高一挡(变暗),快门速度则相应地调低一挡(变亮),此时的画面曝光亮度未变,但景深变小了,快门变慢了,成像清晰度更容易受到镜头抖动和被摄体行动的影响。可见,手动曝光对拍摄者的帮助不仅在于达成预期的曝光亮度,更体现在对成像效果的精准把握上。

图3.14　曝光铁三角

如果不想手动设置"铁三角"参数,又想快速、准确地曝光,那么可以采用下面两种干预曝光的方法。

一是预设曝光值,让摄像机自动曝光。曝光值以EV为数值后缀,衡量的是相对曝光亮度,0 EV表示还原当前的环境亮度,+1 EV表示亮度升高一倍,又称加一挡曝光,−1 EV表示亮度降低一半,即减一挡曝光。操作步骤是首先将摄像机设为全自动模式,然后在功能菜单里找到"自动曝光转换"或"曝光补偿"之类的选项,预先设定好曝光值[①],摄像机就会自动运算出一组"铁三角"参数(图3.15)。这组参数既不固定也不可控,随时会自动调整,景深、清晰度难以稳定。

① 数值一般在−3 EV到+3 EV范围内,以1/2 EV或1/3 EV为间隔。

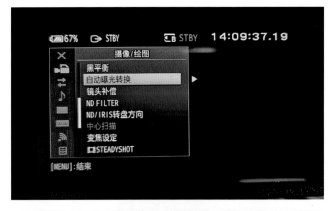

图3.15 预设曝光值

　　二是利用内置或外置于摄像机的减光镜来控制进光量。减光镜又称中灰密度镜、ND滤镜,具有减少进光量的作用(图3.16),减光效果受镜片密度影响,可叠加使用。减光镜的优点是,不用调整"铁三角"参数就能改变曝光亮度,从而保持成像效果的稳定;缺点是只能减光,无法增光,仅适合光照充足的拍摄场合,对画质也有所损伤。但即便如此,曝光的决定因素依然是"铁三角",上述两种方法本质上并未脱离这一范畴。

图 **3.16**　减光镜

3.3　色温与白平衡

3.3.1　色温

除了光线的明暗,拍摄者在曝光过程中还能够控制光线的色温。理论上,一个反射率为零的绝对黑体[①]在不间断的受热和加热过程中,其表面光色会按照黑、红、黄、白、蓝的顺序逐渐变化,色温就是这些光色所对应的温度,计量单位是开尔文(K),0 K 即热力学意义上的绝对零度,约等于 -273.15 ℃。

---

① 绝对黑体在自然界中并不存在。

有悖于惯常的认知,色温与色调是"唱反调"的,因为人们眼中诸如红、橙、黄这样的暖色调,其实都属于低色温,色温值在4000 K以下;而蓝、紫这样的冷色调却属于高色温,色温值在7000 K以上;两者之间属于中色温,主要呈现为白色(图3.17),例如太阳光,这是因为太阳的表面温度就在5800 K左右。

自然光线当中,朝阳、夕阳、月亮发出的光属于低色温,晴天日照处属于中色温,晴天阴影处、阴雨天、蓝天都属于高色温;人造光线当中,火柴、蜡烛、白炽灯发出的光属于低色温,日光灯、闪光灯属于中色温,荧光显示屏属于高色温。换句话说,色温能够向观众传递出关于时间或场景的大致信息。

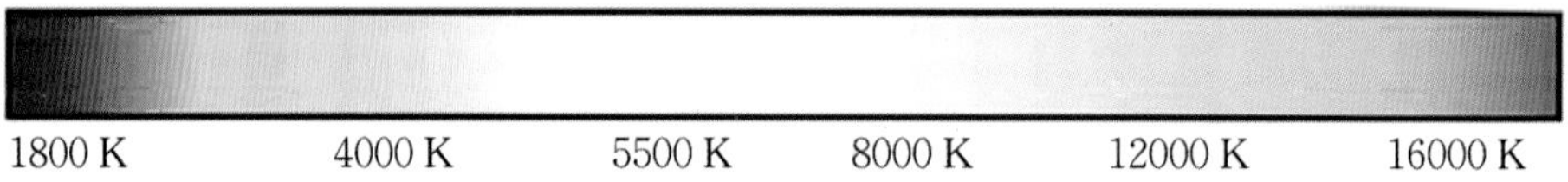

| 1800 K | 4000 K | 5500 K | 8000 K | 12000 K | 16000 K |

图3.17　色温表

3.3.2　白平衡

在摄像中,色温是以两种方式呈现出来的。一是还原,即还原人眼直接感知到的环境色温;二是创造,即摄像机在某一时间或场景创造出另一时间或场景的色温信息。两者都要靠摄像机的白平衡参数设置来实现。

白平衡的本义是校准色温偏差,在大部分光照条件下,让白色看起来更"像"白色。以一个四周白墙、只装有白炽灯的封闭房间为例,室内的白墙在白炽灯照射下会偏黄,监视器屏幕上依然如此,摄像机未做任何校准,这就是还原。如果想让白墙在监视器中变白,产生日光灯照射的效果,那么就要以这堵偏黄的白墙作为校准的参照系,任何色温低于或高于它的色彩,会在监视器中随着白墙色温的变化而正向、同步变化,这就是创造。

将白平衡的概念引申开来,任何色彩都可以成为校准的参照系,即被摄像机认定为白色。例如,要在晴天正午[图3.18(b)]的中色温环境下营造黄昏感[图3.18(a)],可以用高色温的蓝色物体来校准白平衡,该物体在监视器中就会泛白,而现场所有色温低于蓝色的色彩,包括白色在内,在监视器中就会变黄或变红,呈现为

低色温的整体效果。反之,要在晴天正午营造阴雨天的清冷感[图3.18(c)],可以用
低色温的物体来进行白平衡校准。

(a) 低色温效果

(b) 中色温效果

(c) 高色温效果

图3.18 同一场景在不同白平衡设定下的表现效果

接下来,我们以图表的形式来对白平衡作量化的演示。如表3.1所示,竖排左起第一列表示真实环境的色温类型,−1代表低色温,0代表中色温,+1代表高色温;横排第一行表示摄像机设定的白平衡校准模式,+1代表以低色温为参照系,0代表以中色温为参照系,−1代表以高色温为参照系;两者相加得到的结果,就是最终呈现在监视器中的色温类型。

表3.1　白平衡校准量化示意

白平衡设定 呈现效果 真实环境	+1(低色温校准)	0(中色温校准)	−1(高色温校准)
−1(低色温)	0	−1	−2(更低色温)
0(中色温)	+1	0	−1
+1(高色温)	+2(更高色温)	+1	0

以高色温的现场环境(+1)为例:摄像机使用低色温校准模式(+1),即+1+1,拍摄的画面会呈现出比现场环境更高的色温(+2);用高色温校准模式(−1),即+1−1,画面呈现为中色温(0);而使用中色温校准模式(0),即+1+0,相当于保持中立,不做任何校准,还原真实的高色温环境(+1)。

3.3.3　自动白平衡与手动白平衡

掌握了白平衡的工作原理,那么在拍摄时具体该如何设置呢? 现如今,很多数字摄像机兼具自动和手动设置白平衡的功能。前者指自动运算出适宜当前场景的白平衡参数,能满足基本的拍摄需求,但在面对复杂情况时,如光线变化明显、环境色彩复杂,摄像机会自动修正白平衡参数,引起成像色温的频繁变化,妨碍作品形成协调统一的色调风格。

因此,自动白平衡适用于注重时效性的拍摄场合,其他情况下应尽量运用手动白平衡。以索尼PXW-FS5摄像机为例,手动设置流程如下(图3.19):

第一步,将摄像机的全自动模式和自动对焦功能关闭;

第二步,摁下白平衡功能按键(在机身侧面,用英文"WHT BAL"标识),切换到手动白平衡模式;

第三步,将拨杆拨至存储白平衡参数的挡位(A或B挡);

第四步,将白平衡校准板或表面平整的单色物体(如纸张、墙面等)置于镜头的一定距离之外,以铺满整个小监视器屏幕为宜;

第五步,摁下白平衡手动设置按键(在机身正面、镜头卡口下方,用英文"WB SET"标识),现场的白平衡参数就被存储到了选择的挡位中,并开始应用,直至下一次调整之前;

第六步,一旦拍摄场景发生变化,如地点转移、光线变化,应立即重复上述步骤。

图3.19 白平衡手动设置流程

此外,拍摄者还能在摄像机内直接预设一个色温值来校准白平衡,作用相当于上面的第四步。具体步骤是先将拨杆拨至预设挡位(PRESET),然后摁下菜单按键(MENU),将预设功能设为手动,然后输入一个校准色温值(图3.20)。当机内预设色温高于机外环境色温时,监视器画面呈现为低色温;当机内预设色温低于机外环境色温时,画面呈现为高色温;当机内预设色温等于机外环境色温时,画面呈现为中色温;当预设色温值为5500 K(中色温的中间值)时,画面会基本还原当前真实的环境色温。

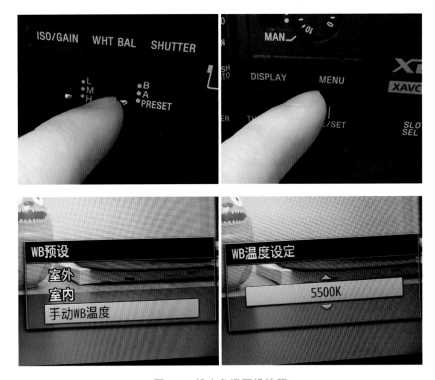

图 3.20　机内色温预设流程

3.3.4　黑平衡

白平衡是告诉摄像机"什么是白色",黑平衡则是告诉摄像机"什么是黑色",让画面在没有亮度时表现为纯黑无噪点,这样才能保证在有亮度时不偏色、噪点少,有助于其他色彩的准确还原,提升画质。正常情况下,黑平衡无需像白平衡那样频繁调整,但是当拍摄环境温度变化过大时,或者在更换镜头后,又或者长时间使用后,应盖紧机身盖或镜头前盖,确保不漏光,然后在菜单里找到黑平衡选项进行校准(图3.21)。

图3.21　黑平衡校准

有两点需要说明:校准黑平衡的耗时远超校准白平衡,所以校准前务必确保摄像机电量充足;消费级摄像机、照相机、智能手机一般不具备黑平衡校准功能。

3.4　影视案例分析:《另一只》

埃及短片《另一只》讲述了一个同样发生在火车站台上的故事(图3.22)。在短

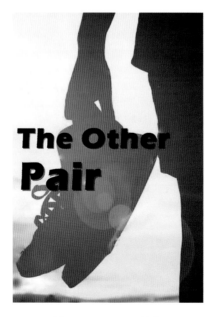

图3.22　《另一只》海报

短4分半(不含片尾字幕)的时长里,这部低成本作品展示给我们的不仅有感动,还有对曝光的把控能力。

全片的第一个镜头,是用前后移焦①的方式展示老式火车站的标志性物件——金属敲钟和站台时钟。只有使用大光圈,让景深变小,才能制造出移焦的效果。静止的敲钟告诉观众,火车还没来;当焦点转移到远处的时钟时,观众会注意到上面的时间是11点55分(图3.23),而短片总体呈现出的中色温,符合这个时间段——晴天正午——的白平衡设定。

图3.23　焦点从敲钟移到时钟

第二个镜头用时接近40秒,衣衫褴褛的小男孩(以下简称"穷孩子")趿拉着人字拖走入画面,右脚的鞋已破损到影响行走,他拿起鞋,光着右脚走到墙角坐下,尝试着修理(图3.24)。根据画面左上角那一大块偏暗的区域,可以推测出这个镜头实际拍摄于早晨、傍晚或阴天正午,而非晴天正午。在照明条件有限的情况下,只

① "移焦"是第5章"摄像镜头语言"中的知识点。

能通过改变曝光参数来提亮画面,营造中午的明亮感。画面上没有出现明显的噪点,说明感光度(增益)较低,所以是采用了降低光圈值和快门速度的方法,提高画面亮度的同时,牺牲了景深和清晰度:光圈值低,则光圈开口大,景深就小,焦点始终在穷孩子身上,路人就相对模糊;快门速度慢,穷孩子的动作和路人的身影也会变得模糊。

图3.24 穷孩子走到墙角修鞋

破旧不堪的鞋子怎么都修不好,穷孩子沮丧得想将鞋子一把甩掉,结果还是舍不得,可能他只拥有这一双鞋吧(图3.25)。这两个镜头使用的依旧是大光圈和慢速快门,造成了鞋子特写时的小景深和甩鞋时的模糊拖影。

71

图 3.25　修不好的鞋子让穷孩子感到沮丧

　　突然,一双崭新的黑色小皮鞋将穷孩子的目光牢牢抓住,它们的主人是一个衣着光鲜的小男孩(以下简称"富孩子")。富孩子看上去十分喜欢这双新鞋,不顾父母的催促,走几步路便停下来擦拭灰尘(图3.26)。为了表现新鞋,摄像机缩小了光圈,确保运动中的鞋子始终处在焦内,所以此时的景深相比之前要大许多。

　　富孩子坐在候车椅上也不忘擦拭新鞋,而穷孩子一会儿羡慕地盯着别人的新鞋,一会儿嫌弃地看自己手中的坏鞋。为了表现穷孩子对新鞋的注视,光圈重又放大,景深小到无法同时兼顾左右脚(图3.27)。

图 3.26　富孩子一路擦拭新鞋

73

图 3.27　羡慕与爱惜

敲钟声叮当叮当响起,穷孩子的注意力被进站的火车吸引过去。第一个镜头中的前后移焦再次出现,时钟的指针对准12点整,紧接着切换为火车缓缓驶来的镜头,表示火车是准点到达的(图3.28)。

图3.28　火车准点到达

富孩子在上车过程中,被拥挤的人潮踩掉了左脚的鞋子,近在咫尺却无法下车去捡,他急得直想哭。穷孩子跑上前,小心翼翼地捧起鞋子,稍稍犹豫了一下,便朝着已经开动的火车追去。穷孩子捡起鞋子后,脸部经历了从欠曝到正常偏亮的变化,这不能简单解释为原本被火车遮挡的阳光照射到脸上,因为亮光是低色温的暖黄色,而在火车开动前,曾出现过信号杆落下的镜头,背景是泛蓝的天空,环境色温中等偏高(图3.29)。所以,这是通过亮度和色温的显著变化,来展示穷孩子从犹豫不舍到豁然开朗的内心斗争过程。

75

图 3.29 亮度和色温发生变化

　　火车开得越来越快,穷孩子拼尽全力也无法将鞋子递到富孩子伸出的手中。富孩子望着那个赤着脚追赶的瘦小身躯,他做出了谁都意料不到的举动——弯下腰,脱下另一只鞋,扔给对方(图3.30)。两个孩子之间虽然没有语言上的交流,却完美诠释了坚守与舍弃的含义,在努力成全对方的同时,也让自己变得更好,因此结尾部分继续使用偏低的色温,让画面笼罩在一片金黄色当中,以彰显两颗金子般的心(图3.31)。

图3.30　归还和赠予

图3.31 金黄色的结尾画面

77

　　善良与穷富无关,佳作与成本也没有必然的关联。经费的匮乏固然会造成人手和设备的短缺,让很多画面略显粗糙,仍需打磨;但有些时候,用心的曝光反而能让这种质朴感变成优点,更加契合主题。

第4章
摄像操作要领

摄像是脑力与体力相结合的劳动,考验脑、眼、手及身体其他部位之间的协调能力。虽然科技发展让视频拍摄变得越来越便捷,但器材的智能化水平远未达到完全抛弃人力因素的程度,因此操作者的专业素养和基本功训练仍然十分重要。扎实合理的操作会帮助我们减少不必要的重复性劳动,在拍摄时胸有成竹,更高效地产出优质影像。

4.1 操作步骤

4.1.1 摄前

拍摄者应提前做好以下四个方面的准备。

首先是拍摄计划。在条件允许的情况下,提前去现场勘景(图4.1)。勘景不能仅止于踩点调查,还应做好与当地的沟通协调,据此来制订和调整包括分镜头脚本[①]在内的拍摄计划,并且至少准备一套应急预案,毕竟拍摄过程中出现不可控因素是大概率事件,需要未雨绸缪。

---

① "分镜头脚本"是第8章"摄像分镜"中的知识点。

图4.1 电视剧《山海情》摄制组在宁夏戈壁滩勘景

其次是硬件设备。根据拍摄计划和预算情况来相应地安排设备,如完整的镜头焦段、充足的供电和存储保障、必要的辅助设备等,还要记得检查摄像机的机况,确保运行状态良好可靠。

再次是个人状态。在拍摄前调整好身体和情绪,以应对繁重的拍摄任务和各种突发情况,拍摄者的身心状态会直接影响拍摄质量,所以平时应坚持锻炼,养成健康的作息习惯。

最后是开机准备。拍摄当天,揭开镜头盖,打开电源,进行拍摄格式——主要指分辨率、帧率和码率[①]这三项参数——的设置(图4.2),然后通过小监视器或取景目镜检查画面中是否出现黑点、模糊等异常情况,如果出现需及时处理[②]。正式开拍前,无论摄像机此次是否承担录音任务,都不要忘记检查音频录入是否正常,因为摄像机内置或外置话筒录制的声音是与画面同步的,能对视频后期制作起到对照和补充作用。

[①] 码率又称比特率、取样率,指视频编码器每秒产生的数据大小,计量单位是kbps(千比特/秒)。在分辨率不变的前提下,码率越大,成像越清晰,视频文件的体积也就越大。

[②] 镜头的污损和老化,感光元件的污损、老化和过热,是画面中出现黑点和模糊的常见原因。

图 4.2　设置拍摄格式

4.1.2　摄中

当拍摄机位和环境光线确定后,依次做好以下六步:

第一步,手动设置白平衡,尽量不采用自动模式,以保证色温的稳定呈现。

第二步,设置光圈、快门、感光度(增益)参数,获得准确的曝光。

第三步,对准焦点,如果采用的是手动对焦模式,在摁下录制键之前,通过观察小监视器或取景目镜来确定对焦范围,做到心中有数。

第四步,摁下录制键开始拍摄。

第五步,拍摄过程中,用双眼监看的方式,一只眼观察小监视器或取景目镜,另一只眼纵览全局,以便随时做出调整(图4.3),而不能像照片摄影那样总是闭上一只眼睛,毕竟摄像抓取的不是凝固的瞬间,而是动态的时空。

第六步,再次摁下录制键停止拍摄。

图4.3　双眼监看

在拍摄工作中需要养成两个习惯：一是即时回看，查缺补漏，尤其是初学者，很容易犯下忘摁、错摁录制键的错误；二是利用拍摄间隙，通过休息和饮食来补充身体所需能量，也能避免让设备长时间处于连续的高负荷运转状态中。

4.1.3　摄后

摄后包括两层含义：一是完成单个镜头的拍摄后，二是当天的拍摄任务完成后。

拍完单个镜头，如果距离拍摄下个镜头的时间间隔较长，可在回看后关闭摄像机，盖好镜头盖，给电池充电；如果时间间隔较短，应使摄像机保持开机状态。

当天的拍摄任务完成后，依次做好以下三步：

第一步，关闭摄像机，盖紧镜头盖，取下电池。

第二步，尽快将存储介质内的视频文件通过电脑导入硬盘，进行归档整理。

第三步，按照防尘、防震、防潮、防磁、防腐、防高温和低温的标准，将摄像机、镜头、电池等贵重易损件存放于密闭的干燥空间内（图4.4），确保电池内留有一半左右的电量,这样既能防止电池因长期亏电而损坏,也能应对不时之需。

图4.4 防潮箱

即使没有拍摄任务,也不能让设备长时间处于闲置状态,正确的做法是定期开机运转调试,以及清洁机身和镜头。

4.2 操作要领

4.2.1 稳

摄像是一项注重视觉感受的工作,除非是特定的主题表达需要,一般情况下,抖动的影像只会造成观众视觉的疲劳甚至眩晕,破坏观看体验。所以,拍摄者应力求"稳",利用一切内外因素,来减少拍摄中不必要的抖动。

专业稳定设备是最可靠的首选项。越专业的拍摄团队,拍摄时越倚重具有稳定作用的辅助设备,如三脚架、滑轨、稳定器、摇臂(图4.5)等;即便对于条件有限的个人和小团队,配备三脚架和小型稳定器也非难事。虽然拍摄的成本和负重增加了,但在稳定的影像面前,这些都算不上缺点。

图4.5　摇臂

外部支撑是应急的备选项。有时出于某些客观原因,无法使用专业稳定设备,那么就应该尽快找到合适的支撑物,如墙面、树干、石墩、地面等,采用倚靠、盘坐、匍匐等姿势,通过增加身体与支撑物的接触面积,提高拍摄中的稳定性(图4.6)。

（a）倚靠 （b）盘坐

（c）匍匐

图 **4.6** 外部支撑拍摄

　　无支撑持机是需要长期练习的基本项。所谓的无支撑，即前两项——稳定设备、支撑条件——均不具备的情况下，无法倚靠、盘坐、匍匐，不得不采取站姿或跪姿，这时要倚仗拍摄者的身体素质和持机技巧来保证镜头的稳定。身体素质在这里主要指体力、臂力、腰力及协调性，需要通过科学系统的无氧、有氧锻炼来加强，以承担长时间、重负荷、大运动量的拍摄任务(图4.7);至于持机技巧,将在本章"持机姿势"部分进行具体介绍。某些时候,无支撑持机并非无奈之举,而是一种表现手法,例如用镜头的自然抖动来表现喘息、跟踪、奔跑,但这只能偶尔为之,切不可本末倒置,舍"稳"求"抖"。

图4.7　电视真人秀《奔跑吧兄弟》中的大运动量跟拍

4.2.2　平

在稳的基础上,保持影像的"平"。人眼习惯以"横平竖直"来观察世界,会不自觉地寻找水平线条和垂直线条作为参照。如果这些线条在镜头中是倾斜的,会让观众产生失衡的感觉。这种失衡感,只适合作为短暂的艺术效果来呈现,如地震、眩晕等,而在绝大多数情况下应尽量避免。

拍摄时可用两种方式来确定"横平竖直"。第一种是观察三脚架上自带的水平仪,看里面的小气泡是否位于圆心处(图4.8),如果位置偏离,手动调节三脚架的支脚或云台,使摄像机达到水平状态。

图4.8　三脚架上的气泡水平仪

第二种是以周围环境为参照,如地平线、水平面、树干、建筑物、站立的人、物体的垂直线、景观的中轴线等,使其与小监视器的横竖边框保持水平或垂直,必要时还可开启小监视器上的"井"字形引导框(图4.9)。

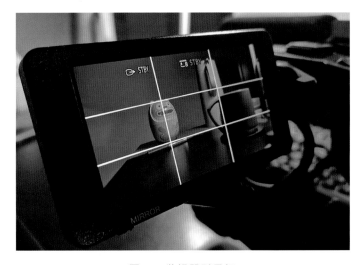

图4.9　监视器引导框

4.2.3　准

"准",主要包括曝光准、对焦准和构图准。

曝光准,指曝光亮度和白平衡的准确,是第3章讲过的内容,这里不再赘述,但有一点仍需强调,要善用色阶直方图来辅助曝光。

对焦准,就是让焦点抓住静止或运动的被摄体,使其具有清晰的影像。当被摄体静止时,对焦相对简单,一般采用"特写对焦法",在机位固定的前提下,利用变焦镜头的长焦端或摄像机的对焦放大功能(图4.10),让镜头中的被摄体最大化,转动对焦环将焦点对实,再返回实拍焦距或关闭对焦放大功能,然后进行拍摄。当被摄体运动时,要确保焦点始终跟随,才能清晰成像,对焦难度陡增,所以在对景深没有特殊要求的情况下,可以采用缩小光圈、缩短焦距、远距离拍摄[①]等办法,来降低"跟焦"难度。这里所涉及的对焦知识在第5章"摄像镜头语言"中会有详细介绍。

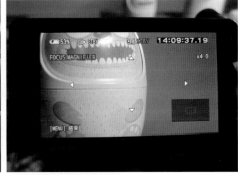

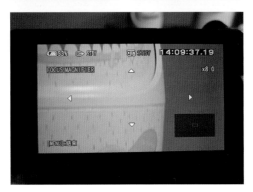

图4.10 对焦放大

至于构图准,包含主客观两方面的标准,内容繁多,富于变化,将在第6章"摄像构图"中详细讲解。如果说曝光准和对焦准主要依赖的是技术能力,那么构图准则是建立在艺术素养上的,更考验拍摄者的审美眼光。

---

① 即拉大镜头与被摄体的间距,使物距增加。

4.2.4 匀

"匀"是针对运动镜头而言的,有两层含义。一是在运镜中保持匀速。进行推、拉、摇、移①等动作时,不要忽快忽慢、忽动忽静,也不要来回调整,显得犹豫不定,造成节奏的紊乱。二是均匀地加速和减速。当画面由静转动时,应平缓启动、加速;由动转静时,应平缓减速直至停止。

进行变焦拍摄时,有手动变焦和电动变焦两种操作方式,对应的功能键是变焦环和W/T变焦杆②。前者安装在镜头上,靠手来转动;后者通常安装在镜头、侧手柄、上提手柄等多个位置,靠手指来摁动(图4.11)。相对来说,后者比前者更容易控制变焦速度。

图4.11 不同位置上的W/T变焦杆

---

① 这些都属于"运动镜头语言",是第5章"摄像镜头语言"中的知识点。

② W代表广角(wide),T代表长焦(tele)。

　　进行摇镜头的拍摄时,如果摄像机安装在三脚架上,则应调节好三脚架云台的阻尼大小,使其具有一定阻尼感的同时保持转动的灵活。如果摄像机是靠手持或肩扛,则应让腰部挺直紧绷,以便转动时发力。

　　进行移镜头的拍摄时,尽量使用稳定器或各种滑轨来控制移动时的速度和平稳度。图4.12中的影视轨道车属于大滑轨类型,在影视剧组和演播室中比较常见,适合有一定行程距离的移动镜头拍摄。

图4.12　影视轨道车

　　当然,并非所有的镜头运动都必须"匀",要视具体情况来定。

4.2.5　留

　　无论固定镜头或运动镜头,拍摄时都应"留",即在开头和结尾处多停留5~10秒。最直接的好处是方便后期剪辑,例如开始和停止拍摄时,摁下录制键或多或少会引起镜头的抖动。

　　在固定镜头中,开头的"留"能够赋予被摄体充足的准备时间,例如出镜记者等待连线、影视演员酝酿情绪、汽车即将驶入画面等,而结尾的"留"能够引发回味和遐想。

运动镜头中的"留"是在动静转换间制造缓冲,照顾观众的视觉感受。理论上,一个完整的运动镜头由起幅、运动、落幅三部分组成,首尾两处"留"能够延长起幅和落幅的时间。起幅是镜头开始运动前的固定画面,作用是先让观众看清楚画面内容,再自然地开始运动,落幅是镜头运动停止后的固定画面,作用是让观众感知到运动的结束。如图4.13所示:起幅——镜头固定,树木占据中心位置;运动——当人走近中心时,镜头开始追随;落幅——当原本在画面右侧的垃圾桶处于中心位置时,镜头停止追随。当然,实际呈现在观众眼前的运动镜头不一定会如此完整,尤其是在衔接两个运动镜头时,剪接点之前的落幅和剪接点之后的起幅常常被剪掉。

图4.13　起幅、运动、落幅示意图

4.2.6　快

很多时候,当初学者还在手忙脚乱地调试参数时,专业的摄像师早已摁下了录制键。这种"快"源自"熟"。

一是熟悉手中器材的性能上限。如所用镜头的焦距、最大光圈,摄像机的最低感光度、最高分辨率、最大帧率、码率,这些应烂熟于心。

二是熟悉手中器材的功能布局。专业级摄像机的基本功能,通过镜头和机身上的物理功能键就可以实现,而更高级的功能,也只需调出虚拟的功能菜单来设置,这些都清清楚楚地写在摄像机的说明书上(图4.14),初学者应首先通读说明书,然后对照试操作,久而久之便能触类旁通,轻易上手其他型号的器材。一位合格的摄像师应达到眼睛只看小监视器或取景目镜,全凭记忆和手感快速完成各项设置的熟练程度。

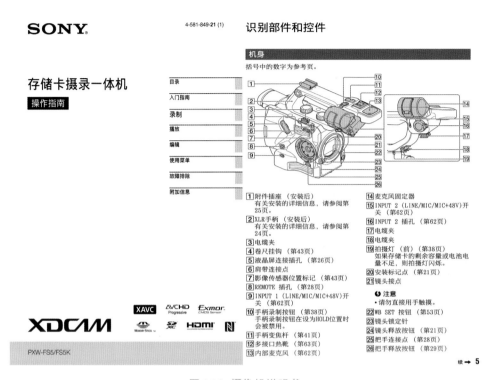

图 4.14　摄像机说明书

　　三是熟悉拍摄计划和拍摄环境。根据预定计划,明确所要呈现的画面效果,从而形成初步的拍摄策略,使现场各项工作快速开展;根据现场环境,快速调整拍摄策略,最大限度地达到拍摄的预期效果。

4.3　持　机　姿　势

4.3.1　无支撑持机技巧

　　进行无支撑持机拍摄时,应牢记并践行以下三条口诀。

　　第一,"双手握持,肩松肘收,短屏长腹,常用广角"。一般情况下,右手负责稳固机身,操纵录制键、W/T 变焦杆等右侧功能键,左手负责托住机身,操纵对焦环、变焦环和左侧功能键(图4.15),肩膀自然放松,双肘贴着双肋。拍摄短镜头时屏住呼吸,拍摄长镜头时用腹式呼吸法,最大限度减缓胸式呼吸引起的画面起伏,并且视情况尽量使用广角镜头,因为长焦镜头会将轻微的抖动放大。

(a) 手部   (b) 正面

图4.15 双手握持

第二,"静立分腿,肩脚同宽,站右跪左,只转腰部"。固定机位拍摄时,双腿自然分开,双脚间距约等于肩膀宽度。站姿时让身体重心偏右,跪姿时重心偏左,用左膝撑住左肘。摇镜头时,无论站、跪,尽量用腰部的转动代替双脚的挪动(图4.16)。

图4.16 站姿与跪姿

第三,"动降重心,身直腿弯,先尖后跟,小步移位"。移动机位拍摄时,上半身保持挺直,膝部稍稍弯曲,把身体重心降到下半身来。采用脚尖探路、脚尖先于脚跟着地的方式[1],小碎步匀速移动,以平缓行进中的震动和起伏(图4.17)。

图4.17　移动姿态

4.3.2　肩扛式

无支撑持机又分为肩扛式和手持式。

肩扛式是把摄像机扛在右肩上,按照口诀中的"双手握持,肩松肘收",拍摄时以右手为主,左手为辅,右手握住摄像机侧手柄,左手托住机身与镜头连接部,适用于站、跪、移动等各种姿势(图4.18)。和其他无支撑持机方式相比,肩扛式的稳定性最佳,除了专门的肩扛式摄像机[2],手持式摄像机也可以通过加装附件

---

[1] 借助稳定器来移动拍摄时,应采取相反的顺序,即脚跟先于脚尖着地,这样不仅省力,而且更适合保持行进时的匀速。

[2] 如图2.5(a)中的索尼HDC-4300。

来实现肩扛。

(a) 站姿　　　　　　　　(b) 跪姿　　　　　　　　(c) 移动

图4.18　肩扛式

除了稳定,肩扛式持机的优点还表现在"人眼高度"上。肩扛时,镜头高度是与拍摄者眼睛基本平齐的,无论镜头对准何处,无论驻足或行走,都接近于人眼的正常观察高度,画面真实感更强。

4.3.3　手持式

根据由高到低的持机高度变化,手持式分为举式、托式、抱式和拎式。

举式用于前方有高度不低于拍摄者的遮挡物时,双手将摄像机举过头顶,镜头对准拍摄方向,小监视器向下翻转至适合眼睛观察的角度(图4.19)。举式的稳定性最差,较少使用到。

94

图 4.19　举式

托式是将摄像机抬到比胸部稍高的位置,通过稍稍上翻的小监视器或取景目镜来取景,双手握持方式和适用姿势均与肩扛式相同(图 4.20)。托式是最常用的手持方式,适用范围最广。

95

图 4.20　托式

抱式是将摄像机放到腹部的高度,小监视器上翻至适宜眼睛观察的角度,既可采用上述双手握持方式(图4.21),也可右手提着上提手柄,左手托住机身与镜头连接部。抱式适用于中低位拍摄。

图4.21 抱式

拎式是单手(左右手皆可)拎着上提手柄,将摄像机放至腰部以下,小监视器上翻至适宜眼睛观察的角度。拎式适用于低位拍摄,进行移动拍摄时,自然下垂的手臂能对抖动起到一定的抑制作用(图4.22)。

图4.22 拎式

4.4　影视案例分析:《归途列车》

　　《归途列车》是一部关于春运与留守儿童的纪录片,四川的老张夫妇为了供一对儿女读书,常年在广东打工,每年只能在过年时回家团圆,因此与留守在农村家中的孩子之间产生了隔阂,尤其是正值青春叛逆期的女儿张琴,不听父母的劝阻,在一番激烈的冲突之后,毅然走上了辍学打工之路(图4.23)。该片在国内外获奖无数,其中包括世界纪录片的最高奖项——伊文思奖。荣誉的背后凝结着创作者辛劳的汗水,拍摄从2006年冬天开始,到2009年春节结束,三年间积累了300多小时的素材,最终剪出将近一个半小时的成片,2012年正式在国内公映。

图4.23　《归途列车》海报

　　为了近距离地真实记录,拍摄团队三年春运期间都和主人公一起抢购火车票,多次往返于四川与广东之间。下面,我们仅就片中与春运相关的镜头来分析幕后的拍摄工作。

　　纪录片的非虚构性,决定了拍摄过程中不可控因素出现的概率和频率要远高于虚构类作品,这需要拍摄者在不违背真实原则的前提下,做好准备工作和预案。《归途列车》的开篇,画面从暗到亮,用一个长达34秒的摇镜头,平缓地记录了2008年雪灾时广州火车站40万旅客滞留在站前广场的震撼画面(图4.24)。在那样一个拥挤、焦躁的环境下,摄像机镜头却表现得如此从容,这是拍摄团队与火车站及有关部门做好沟通,提前占据了最佳拍摄位置的结果。

图4.24　开篇从暗到亮的摇镜头

　　这种沟通的效果还体现在进站画面的拍摄中。当闸门开放,人潮涌向站台,摄像机却丝毫不受冲击地捕捉到这一切,甚至还能在一次开闸前,就提前在站台的地下通道尽头摆好机位,等待着第一波涌来的旅客(图4.25)。

图4.25　旅客进站

　　纪录片不排斥艺术性,有时需要对画面做出一些刻意的安排。例如片中有一个镜头,是在老张夫妇带女儿回家的列车上,拍到了车窗外的群山雪景[图4.26(a)]。为了让这个美丽的画面不显得突兀和单一,拍摄团队后来专门花费三天时间,在此处山间找到了合适的拍摄点,从另一个角度展示了穿行于雪后群山间的列车[图4.26(b)]。

(a) 车内视点

(b) 车外视点

图 4.26　列车在雪后群山间穿行

　　然而,纪录片在拍摄时并没有充裕的时间和空间来细细雕琢画面。为了尽可能地融入拍摄环境,近距离地接触被拍摄者,抓住稍纵即逝的瞬间,拍摄团队的规模不能庞大,器材不能繁重。该片拍摄团队只有导演、摄像、录音和助理四个人,使用的器材也是便于跟拍的手持式摄像机,至于灯光,则是能不用就不用,这也导致了一些低照度场景中,画面噪点比较严重。

　　轻便的器材,加上经验丰富的摄像师,《归途列车》时刻向我们展示着“稳、平、准、匀、留、快”的操作水准。

　　先看“稳”。图 4.27 这个镜头没有使用任何的稳定设备和固定支架,完全是摄像师将身体半探出窗外,手持着摄像机拍摄的,在 17 秒的时长内,画面始终处于平稳的状态,根本感觉不到火车运行之外的任何抖动。片中还有大量的跟拍镜头,都是靠稳定的持机功力支撑起来的。

图4.27　稳定的手持拍摄画面

再看"平"。图4.28是摄像机跟随老张夫妇刚挤上列车时拍摄的镜头,车厢里拥挤不堪,几乎无立锥之地,即便如此,从门框和天花板就可以发现,手持拍摄的画面仍然维持着横平竖直,而这在片中并非个例。

101

图4.28　拥挤车厢里的横平竖直

接下来看"准"。女儿张琴与父母彻底闹崩之后,于2008年夏天独自乘火车前往深圳打工。图4.29综合展现了曝光、对焦、构图的"三准",摄像机没有以车厢内部作为正常曝光的中间调,而是将焦点对准托腮少女被窗外自然光线照亮的脸部轮廓,这样一来,车厢内外形成了强烈的明暗对比,明暗分割线上的脸部表情、窗外的夏日色彩和列车开往的方向被凸显出来,展露出少女对未来既向往又迷茫的复杂情绪。

图4.29 向往与迷茫

接下来再看"匀"。抓拍时是很难做到匀速运镜的,而该片在使用运动镜头来过渡时,较好地做到了"匀",有效缓解了因连续抓拍造成的视觉紧张感。图4.30就是其中一处,当列车途经重庆的地维长江大桥时,镜头匀速摇动,始终对准向后退去的大桥。

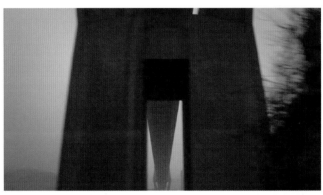

图4.30 镜头始终对准大桥

再接着看"留"。图4.31取自片尾,老张将妻子送上回家的火车后,独自一人走出广州火车站。摄像机提前对准老张出现的方向,留下了约5秒的起幅;当老张

（a）起幅

（b）运动

（c）落幅

图4.31　老张走出火车站

左拐,镜头跟随着他的行走路线,向右摇了约18秒;最后镜头固定,目送着老张远去,留下了约11秒的落幅。如此充分的"留",让节奏变得舒缓起来,也给观众留足了回味空间。

最后看"快"。在如此紧张的拍摄中,摄像师必须把注意力都集中到镜头上,稍一分心,便可能错过某个关键瞬间。对器材不熟悉是导致分心的因素之一,拍摄团队刚开始确定摄像机时,选用了熟悉的机型——松下AG-HVX200,而到半途才换用更晚上市的索尼PMW-EX1[①],正是出于这种考虑(图4.32)。

(a) 松下AG-HVX200　　　　　　　(b) 索尼PMW-EX1

图4.32　《归途列车》使用的摄像机

相比那些巨资打造的影视作品,《归途列车》的拍摄经验对中小型团队更具借鉴价值。

---

① 引用该片摄像师的原话,索尼PMW-EX1"可以在低照度提供更好的画质"。

第 5 章
摄像镜头语言

在中文摄像术语中,镜头有两个含义,一是用于取景的光学镜头,对应英文中的"lens",二是两次摁下录制键——即开始和停止录制——之间所拍摄的画面,又称镜头画面,对应英文中的"scene"。两者既相互区别,又紧密关联,用"光学镜头"拍摄出的"镜头画面"来讲故事,就是摄像的镜头语言。"没有一个镜头是多余的",镜头语言是针对单一镜头而言的,种类繁多,恰当运用,能把故事讲出彩,而不恰当地运用,只会徒增空洞的画面。

5.1 对焦语言

5.1.1 移焦

焦点在远近两个被摄体之间转移,产生虚实对比变换的效果,这个过程就是移焦。移焦的作用在于牵引观众的注意力,帮助他们发现画面重心的变化。通常情况下,一个镜头中最多发生一次单向移焦,要么由近到远,要么由远到近,很少出现来回移焦。

图5.1是电影《大话西游》中的一个镜头,采用了由远到近的移焦方式,焦点首先落在紫霞仙子诡魅的眨眼一笑上,然后迅速转移到至尊宝惊恐的脸部表情上,强弱分明的人物关系在虚实变换之间自然地流露出来。

（a）远实近虚

（b）远虚近实

图5.1 移焦

　　如何制造出明显的移焦效果？先决条件是确保景深（对焦范围）小到无法同时覆盖远近两个被摄体[①]。有三种方法可以让景深变小，当然也可以同时使用，即放大光圈、加长焦距、改变物距。放大光圈，即光圈值越小越好；加长焦距，即焦距值越大越好；改变物距，稍稍复杂一些，远近两个被摄体之间的距离用 x 表示，近处被摄体与镜头之间的距离用 y 表示，在确保能对上焦的前提下，x 值越大越好，y 值越小越好，且 x 大于 y（图5.2）。

_____

　　① 景深也是一种对焦语言，景深的大小会影响画面内容的表达，这在第3章当中提过。

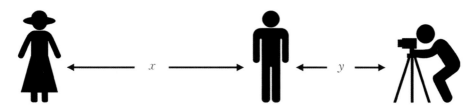

图5.2　移焦时的物距示意图

5.1.2　跟焦

跟焦又称追焦,指焦点追随移动的被摄体,始终保持对焦清晰。虽然自动跟焦(自动追焦)已经成为主流摄像机的标配功能[①],但目前在速度和准确性上还远不及手动。手动跟焦与手动对焦一样,都是通过转动对焦环来实现的,一些专业团队还设有专门的跟焦员,使用跟焦器来精准操控对焦环(图5.3)。

图5.3　跟焦器

手动跟焦分原地跟焦和移动跟焦两种情况。原地跟焦,指用固定机位拍摄移动的对象时,仅靠转动对焦环来跟焦,产生类似"目送"或"迎候"的视觉效果(图5.4)。移动跟焦,指机位跟随被摄体移动,并随时转动对焦环来确保对焦准确,产生类似"尾随""带路"的视觉效果。

---

　①　自动跟焦功能的实现,必须依靠具有自动对焦功能的镜头。

图5.4　原地跟焦

图5.5是电视剧《伪装者》中的一个镜头,故事背景是抗战时期,明家大姐听闻三弟明台将被处决,愤而去找供职于"汪伪政府"的老大明楼要人。此时办公楼外下着大雨,明楼撑着伞,缓缓走向二弟明诚怀中哭泣的大姐,镜头在身后跟着移动,既展现了明楼满怀委屈、坚守秘密的复杂心情,又沿着前行的方向,将观众的视线引向画面左侧的姐弟俩。

图5.5　移动跟焦

5.1.3　虚焦与泛焦

　　绝大多数场合中,拍摄者应保持镜头中至少有一处影像是对焦清晰的,可以是被摄体,也可以是其他。如果因为操作失误,造成本该清晰的地方模糊虚化了,或者镜头中没有一处是清晰的,那么这就称作虚焦,又称跑焦、失焦或脱焦;如果这是拍摄者刻意为之的效果,则属于对虚焦的正向应用。适当地运用虚焦,能带来特别的观感,如综艺节目营造出场人物的神秘感时,如影视剧表现角色的眩晕感时,又如某个场景开启或结束时。使用长焦镜头,更容易形成虚焦效果。

　　与虚焦完全相反,泛焦指镜头内所有影像都能相对清晰地成像,又称景深对焦、超焦距对焦。泛焦常用来展示场景信息,例如主人公的生活环境、波澜壮阔的战场全景。使用广角镜头,更容易形成泛焦效果。

　　图5.6是用虚焦和泛焦来展示同一场景的示例。

109

图5.6 虚焦与泛焦

5.2 焦距语言

5.2.1 等效焦距

不同的焦距,会产生不同的成像效果,传达不同的镜头语言。摄像器材型号繁多,在感光元件的感光面尺寸上没有形成统一规格[1],而这种差异,会导致实际焦距相同的镜头表现出各异的视角[2]和透视效果,哪怕是在同一位置拍摄同一被摄体。语言必须以语法为基础,焦距语言只有建立在一个公认的换算标准上,才不会沦为空谈。

等效焦距便是焦距语言的语法,计算方法如下:以 36 毫米×24 毫米的全画幅感光元件为参照系,将其感光面的对角线长度(约 43 毫米)除以某一机型的感光面对角线长度,得出的除数即焦距转换系数;再拿所用镜头的焦距乘以该系数,可得出该镜头在该机型上的等效焦距。以 Super35 规格的感光元件为例,其感光面对角线长度约 28 毫米,拿 43 除以 28,得出约 1.5 的焦距转换系数,搭配 50 毫米镜头时的等效焦距约为 75 毫米;反之,如果想用 Super35 规格拍摄出类似全画幅在 50 毫米镜头下的成像效果,则应除以 1.5 的系数,使用 33 毫米左右的镜头。

焦距语言按焦段分为超广角、广角、中焦、中长焦、长焦、超长焦等六个种类,焦段即焦距范围,这里的焦距指等效焦距。

5.2.2　超广角与广角

超广角,一般指焦距不超过 20 毫米,视角超过 90°。超广角的镜头一方面能够在狭小空间里制造出开阔的纵深感,视野变宽的同时产生前后物距变大的视觉假象,另一方面也会在画面中形成中心前突、两侧后缩的畸变效果(图 5.7)。鱼眼镜头是一种特殊的超广角镜头,因前镜片类似外凸的鱼眼而得名,视角范围能达到或超过 180°,形成更为夸张的球面畸变效果(图 5.8)。

---

① 感光面尺寸对比详见图 2.16。

② 焦距与视角的对应关系详见图 2.17。

图 5.7　超广角镜头成像效果

图 5.8　鱼眼镜头及其成像效果

　　超广角带来迥异于人眼的视觉感受,不适宜客观记录,却十分擅长表达主观情绪。其实在影视剧当中,很多超广角效果并非由超广角镜头拍摄,而是用广角镜头抵近被摄体。以电影《大腕》和《堕落天使》中的两个镜头为例,被镜头抵近的人物均有一定程度的变形,这种变形是必要的,前者刻画了人物自言自语的癫狂状态,后者表现出人物与环境格格不入的孤独和迷惘(图5.9)。

(a)《大腕》剧照　　　　　　　　　　　　(b)《堕落天使》剧照

图5.9　抵近拍摄人物

广角,一般指焦距在20~35毫米,视角在90°~60°。广角镜头能够适当增加画面的开阔纵深感,两侧的畸变也不像超广角那样明显,常用于交代大景深的场景信息(图5.10)。从拍摄体验来看,广角镜头容易对焦,应用范围较广,使用起来相对省心。

图5.10　广角镜头成像效果

总之,超广角和广角镜头易于展示线条透视效果,会让观众有身临其境的感觉,也会让被摄体具有更强的立体感,如人变瘦、物体变窄。

113

5.2.3 中焦与中长焦

中焦,又称标准焦段,一般指焦距在35~60毫米,视角在60°~40°。中焦镜头能展现近似于人眼的空间透视效果,具有真实感,擅长客观记录,应用范围最广(图5.11)。但也正因为如此,用中焦镜头拍摄的画面容易落入俗套,流于平淡,需要拍摄者在构图上多下功夫。

图5.11 中焦镜头成像效果

中长焦,一般指焦距在60~85毫米,视角在40°~28°。与中焦相比,中长焦镜头对现实空间做了一些压缩处理,画面稍显扁平,更加强调场景中各元素之间,尤其是人和环境之间的关联。图5.12是电影《这个杀手不太冷》中的一个镜头,杀手和小女孩为躲避追杀而多次搬家,两人带着几件"行李"在马路上奔走,身后的楼群虽然渐远,却依旧庞大,仿若那始终无法摆脱的危险。

图 5.12　中长焦镜头成像效果

5.2.4　长焦与超长焦

长焦,一般指焦距在 85~135 毫米,视角在 28°~18°。在狭窄的视野范围内,长焦镜头对现实空间做了更大程度的压缩,纵深方向上的各元素被拉近,近大远小的线条透视效果减弱,空气透视效果增强,形成小景深、平面化的视觉效果(图 5.13)。

图 5.13　长焦镜头成像效果

超长焦，一般指焦距超过135毫米，视角不超过18°。在超长焦镜头下，现实空间的纵深感几乎消失，水平面仿佛竖立起来，产生类似二维空间的失真效果。如图5.14，从远近沙丘、树木在视觉上的大小对比可看出，平面化效果强于图5.13。

图5.14　超长焦镜头成像效果

长焦和超长焦镜头主要用于两种景别的拍摄。一是特写，当场景中各元素被压缩在同一平面时，想要突出其中一个，就必须把镜头推近，直至该元素在画面中占据最大比例。二是远景，既然场景中的各元素都不突出，那就顺势而为，把镜头拉远，直至观众的注意力基本转移到场景环境上。

与超广角和广角镜头相反，长焦和超长焦镜头会让拍摄者产生远离现场的感觉，还会让被摄体缺少立体感，如人变胖、物体变宽。

总结一下，焦距越长，视角越窄，被摄体的立体感和空间的纵深感越弱。如图5.15所示，不改变人偶、绿植、矮凳的位置，只改变机位和焦距，形成了景别相同、透视感各异的画面效果。各位读者，你们能将这六幅图像按照焦距由长到短的顺序正确排列吗？

图 5.15　同景别下的焦距变化效果

5.3　固定镜头语言

5.3.1　景别

固定镜头是指摄像机位、镜头光轴[①]和镜头焦距三者均保持不变,而与被摄体的动静无关,主要表现在景别、方向、高度和视点四个层面。

———————————
[①] 镜头光轴可以理解为镜头正对的方向。

117

当主要被摄体存在于画面中,与机位之间保持相对稳定的距离时,才会有"景别"的概念:即受物距或焦距的影响,主要被摄体在镜头画面中所占据的比例大小区别。景别按大小依次分成远景、全景、中景、近景、特写等五个级别(图5.16),还可进一步细分出大远景、大特写,但这种划分并非绝对,实际拍摄时可以灵活把握。需要指出的是,主要被摄体占比大小与景别大小成反比。

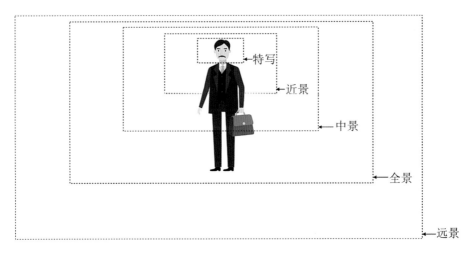

图5.16　景别示意图

远景,用于展示被摄体所处的大环境。远景又分两种类型:一是被摄体完整、清晰地出现在画面中,但所占比例较小;二是被摄体占比小到近乎消失,画面中只有场景环境能看清,又称大远景(图5.17)。

图5.17　大远景

全景,又称全身镜头,用于展示被摄体的全貌及其所处的小环境,被摄体在画面中的高度接近监视器屏幕的上下边框,如图5.15。当人作为被摄体时,身高、发型或衣着等方面的特征会被完整呈现,加上周边环境,观众能够大致掌握人物的身份信息。

中景,用于展示被摄体大部分表面,也保留了较多的环境信息,但观众会将主要的注意力放在被摄体上,较少留意周围环境。人作为被摄体时,中景呈现的范围是膝盖或腰部以上,适合展现人物的行为举止。

近景,用于展示被摄体的小部分表面,只保留了较少的环境信息,观众的注意力几乎全部转移到被摄体上,环境变得无足轻重。人作为被摄体时,近景呈现的范围是胸部以上,适合展现人物的表情和对白。

特写,用于展示被摄体某个局部,环境在画面中的占比微不足道。人作为被摄体时,特写呈现的范围一般是颈部以上,有时是四肢躯干的某一局部,例如手、脚,展现表情或动作后面的内心活动。当镜头展现的是这个局部的细微特征时,如眼睛、嘴唇、手指等,则属于大特写(图5.18)。

119

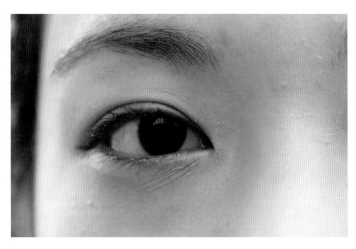

图 5.18　大特写

5.3.2　高度

镜头高度即垂直拍摄角度,指摄像机镜头光轴对准被摄体的前提下,机位的水平高度等于、低于或高于被摄体,会分别产生平摄、仰摄、俯摄及顶摄的视觉效果(图5.19)。

图5.19 镜头高度示意图

平摄,即机位与被摄体大致处于同一水平高度,形成平视的效果,是拍摄时最常使用的高度。平摄适用于客观记录,表现拍摄者与被摄体之间的平等关系(图5.20)。

图5.20 电视剧《清平乐》中的平摄

仰摄,即机位的水平高度低于被摄体,形成仰视的效果。仰摄的使用主要基于三种目的:一是表示敬畏,突出被摄体的高大形象,增强震撼感;二是表示情绪的高昂,展现积极向上的气势;三是以天空或天花板为背景,借简洁的背景来突出被摄体(图5.21)。

图5.21　电影《勇敢的心》中的仰摄

俯摄,即机位的水平高度高于被摄体,形成俯视的效果。俯摄的使用主要基于三种目的:一是用于审视,记录宽广的场景信息;二是展示审视者的优越感;三是增强被摄体的立体感。图5.22展示了双重俯视——人物俯视全场的同时,也被镜头俯视着。

121

图5.22　电影《公民凯恩》中的俯摄

顶摄属于俯摄当中的一种特殊类型,即机位处于被摄体正上方,镜头光轴与地面垂直,通常用摇臂或航拍来实现。这种迥异于人眼正常观察习惯的特殊角度,将被摄体与所处环境的空间关系,变成线条清晰的平面图案,适合展现场景的整体结构,以及审视者如“上帝”一般对全局的把握(图5.23)。

图 5.23 纪录片《航拍中国(第二季)》中的顶摄

5.3.3 方向

镜头方向即水平拍摄角度,指摄像机镜头对准被摄体的前提下,镜头光轴与被摄体正面在水平层面上形成不同大小的夹角,分别产生正面、斜侧、侧面、反侧、背面的视觉效果(图5.24)。除非是俯摄或仰摄的角度过于极端,一般情况下,方向不受高度影响。

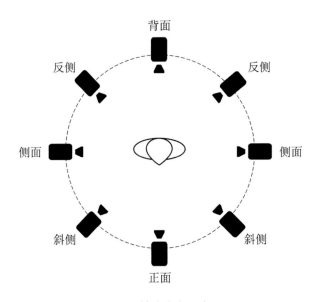

图 5.24 镜头方向示意图

正面,即镜头在被摄体的正前方。这是一种对被摄体最直观的展示方式,使其与观众直面相对。正面镜头善于制造紧张感和压迫感,尤其当被摄体处于运动中时,画面的视觉冲击力会更加强烈(图5.25)。

图5.25　电影《蝙蝠侠:黑暗骑士》中的正面镜头

斜侧,即镜头在被摄体的侧前方,两者形成明显的锐夹角。这是拍摄时最常使用的角度,用途最广,既能让观众避免与被摄体直面相对,而从容地进行观察,还能增加画面的纵深感,适用于多人对话的场景(图5.26)。

图5.26　电影《无间道3》中的斜侧镜头

123

　　侧面,即镜头在被摄体的正侧方,两者形成90°左右的夹角。这个角度除了具有勾勒被摄体侧面轮廓的作用,还能增加画面的张力。当被摄体是相对静止的单个时,所展现的姿态,是受到了画面之外的某种因素的影响;当被摄体是相对静止的多个时,会在画面中形成对比或对抗关系(图5.27);当被摄体处在运动中,运动的幅度能被不打折扣地还原出来。

图5.27　电影《蜘蛛侠》中的侧面镜头

　　反侧,即镜头在被摄体的侧后方,两者形成明显的钝夹角。与斜侧镜头一样,反侧镜头能增加画面的纵深感,在用于多人对话的场景时,又称过肩镜头。与斜侧镜头不同的是,反侧镜头在观察被摄体时,偷窥感更强,还会将观众的注意力引向被摄体面对的方向(图5.28)。

图5.28　电影《海上钢琴师》中的反侧镜头

背面,即镜头在被摄体的正后方。这个角度的镜头,擅长引发悬念和共鸣。悬念包含两类:一是被摄体的身份或状态,因为观众完全无法看到其正面;二是被摄体即将面对的遭遇,也会引起观众的猜测。与此同时,由于机位与被摄体朝向一致,当遭遇来临时,观众也会与被摄体产生一定程度的共情(图5.29)。

图5.29   电视剧《权力的游戏》中的背面镜头

5.3.4 视点

镜头视点可以理解为摄像镜头从谁的角度出发来观察场景,分为客观视点、主观视点、混合视点。

客观视点又称第三人称视点,最为常见,从旁观者的角度出发,客观、中立地进行记录,而不施加任何影响。例如前文所述的背面镜头,虽然观众与被摄体有所共情,但两者之间依然保持着距离,并非一体。

主观视点又称第一人称视点,是从场景中人物(或物体)的角度出发,直接参与到场景之中,甚至施加影响。合理使用主观视点,能够增强观众的现场感,提升画面的感染力(图5.30)。

图5.30 广告片 *Super Good* 中的主观视点

混合视点是将上述两种视点结合起来，具体分为两种情况。

一是让观众同时掌握客观视点和主观视点。图5.31是电影《楚门的世界》中的一个镜头，主人公楚门正对着卫生间的镜子自言自语，殊不知这一切都被镜子里的监控摄像头拍摄下来，向千家万户直播。楚门是全球历时最长的电视真人秀节目的主人公，他每天都生活在亿万观众的瞩目之下，自己却毫不知情，而制作方会根据观众的期待和市场的反馈来安排楚门的人生轨迹。影片主要以监控摄像头作为视点，将同样的画面展示给片外的观众和片内的真人秀节目观众，只不过前者是与故事无关的旁观者，而后者是推动故事进程的参与者。

图5.31 电影《楚门的世界》中的混合视点

二是让观众掌握的主观视点客观化,只旁观,不参与。例如采用虚拟现实技术制作的非交互式 VR 影像,观众借助设备进入场景,获得全方位的仿真视觉体验,甚至可以四处走动,但不与场景产生任何互动。VR 影像中的场景素材,有些是用电脑绘制出来的,有些是用多张照片拼合而成的,有些则是用全景摄像机拍摄的,与前两者相比,全景摄像的优势在于真实自然、省时省力,是数字摄像新的发展方向之一,应用前景十分广阔(图 5.32)。

图 5.32　全景摄像机

5.4　运动镜头语言

5.4.1　推

运动镜头又称"运镜",是指摄像机位、镜头光轴、镜头焦距三者中至少有一个发生明显改变,而与被摄体的动静无关。大致分为推、拉、摇、移等四种常规运镜类型和若干特殊的运镜类型。

　　推镜头,可以根据字面意思理解为"把镜头向前推",在一段画面里,让被摄体或某一细节所占比例变大,呈现出景别逐渐变小的动态过程(图5.33)。推镜头有两种实现方式,把机位向前移以缩短物距,或增加镜头焦距,但效果会有所差异:前移机位不会改变景深和视角,在移动中需要注意跟焦;增加焦距会导致景深和视角变小,引起焦距语言的变化。无论哪种方式,都要确保推进轨迹的平稳,并让被摄体或细节在落幅时处于画面中心位置。

图5.33　电影《美国往事》中的推镜头

　　推镜头的主要作用是突出被摄体或场景中的细节,还能够在景别由大到小的过程中交代环境与主体、整体与局部之间的关系,将观众带入其中,因而更适合表现场景的开启。同时,推速的快慢也会产生各种截然不同的画面效果,如缓慢推进时,容易营造神秘感,快速推进时,视觉冲击力就会增强。

5.4.2　拉

　　拉镜头，可以根据字面意思理解为"把镜头向后拉"，与推镜头正好相反，是在一段画面里，让被摄体或某一细节所占比例变小，呈现出景别从小到大的动态过程。拉镜头的实现方式同样有两种，把机位向后移以增加物距，或缩短镜头焦距，两者在景深、视角等效果上的差异与推镜头同理，这里就不再赘述了。拉镜头过程中也要确保轨迹的平稳，但与推镜头不同的是，被摄体或细节应在起幅时处于画面中心位置。

　　拉镜头的主要作用是展示被摄体所处的场景信息，还能够在景别由小到大的过程中交代主体与环境、局部与整体之间的关系，观众被赋予更广阔视野的同时，也会产生远离感，因而更适合表现场景的结束。在对人物情绪的刻画上，拉镜头普遍强于推镜头，图5.34是电影《肖申克的救赎》中的经典镜头，主人公安迪越狱成功

图5.34　电影《肖申克的救赎》中的拉镜头

后，在大雨中无声地振臂狂欢，俯摄镜头缓缓拉远(拉高)，释放出人物内心挣脱牢笼、重获自由的喜悦之情。

5.4.3　摇

摇镜头，是以相对固定的机位为圆心，镜头光轴进行上下、左右、斜线、曲线等形式的摇摆，视野随之呈扇形延展，类似人在转动身体、头部、眼球时的视觉效果。摇的过程一般是单向、匀速的，也可以根据主题表达需要变换方向和速度，甚至停顿，但目的要明确，避免做无意义的摇动。

摇镜头的主要作用有三：一是展示被摄体或环境的全貌，如仰望一座高楼，打量陌生的宽敞房间；二是展示被摄体的运动过程，图5.35是电影《老炮儿》中的一个镜头，主人公端着脸盆径直从门口走到病床边；三是在场景内的不同元素之间建立关联，如展示遥遥相望的两人。

图5.35　电影《老炮儿》中的摇镜头

5.4.4 移

移镜头,指机位在拍摄中发生明显位移,产生"边走边看"的视觉效果。根据移动方向,可细分为左右、前后、升降、斜向等类型,此外,还有镜头光轴始终对准被摄体的"弧移"、跟随运动中的被摄体的"跟移"[①]等。

与摇镜头视野的扇形延展不同,移镜头视野是按画卷延展的方式,将场景中的各元素依次展现在观众眼前。一般而言,使用移镜头是为了增强运动感,根据不同焦距在空间透视上的表现,长焦镜头更适合用于左右横向移动拍摄,广角镜头更适合用于前后纵向移动拍摄(图5.36)。移镜头对"稳"有着严苛的要求,往往需要借助稳定器、轨道车来实现。

图5.36 使用广角镜头进行纵向跟移

5.4.5 特殊的镜头运动

在实际拍摄中,还存在很多特殊的运镜方式,例如混合运镜、甩镜头、滑动变焦、旋转镜头、晃镜头,等等。

混合运镜,即推、拉、摇、移这四种常规运镜的混合使用,主要有两种方式:一是

---

① 跟移,又称跟镜头、跟拍。

在推或拉的时候进行摇或移,二是摇和移同时进行。

甩镜头,是在起幅之后,以摇或移的运镜方式,迅速到达落幅,而在中间的运动过程中,画面是模糊不清的。真正意义上的甩镜头应表现一个镜头内发生的事件,但前期拍摄难度较大,因此经常通过后期合成若干个镜头来达成类似的效果。图5.37是电影《王牌特工》中的甩镜头,起幅是主人公用伞柄勾起酒杯甩出去,落幅是远处一人被酒杯砸中脸部倒地,而在中间不足一秒钟的时长内,画面至少进行了两次切换。

(a) 起幅

(b) 运动

(c) 落幅

图5.37 电影《王牌特工》中的甩镜头

　　滑动变焦,又称希区柯克式变焦,最早出现在著名导演阿尔弗雷德·希区柯克的影片《迷魂记》中(图 5.38),之后成为常见的电影运镜手法,是将变焦镜头的推拉与机位的推拉反向同步起来,在一个镜头中表现空间透视感的显著变化。滑动变焦有两种表现形式:一是增加镜头焦距(推)的同时,机位向后移(拉),这时因为焦距变长,空间被压缩,产生主体和前景固定或远离、背景逼近①的视觉效果;二是缩短镜头焦距(拉)时,机位向前移(推),这时因为焦距变短,空间被拉伸,产生主体和前景固定或逼近、背景远离的视觉效果。图 5.39 出自电影《大白鲨》,从人物身后的草丛和墙壁就能看出,这里采用了后一种表现形式,刻画出人物面对危险时的内心惊恐。相比甩镜头,滑动变焦的实拍难度更大,必须借助稳定设备,才能呈现顺滑的效果。此外,靠机位移动实现的推镜头和拉镜头经过后期编辑软件处理,也能呈现出滑动变焦效果。

图 5.38　电影《迷魂记》中的滑动变焦

---

　　①"主体""前景""背景"是第 6 章"摄像构图"中的知识点。

（a）草丛大，墙壁未出现

（b）草丛变小，墙壁出现

图5.39　电影《大白鲨》中的滑动变焦

　　旋转镜头、晃镜头主要用于表现眩晕或动荡，有时是画龙点睛之笔，但不宜多用，这里就不作具体介绍了。

5.5　帧率语言

5.5.1　升格

　　帧率这一概念其实在第1章和第3章里均有涉及，指每秒钟生成或显示的位图数量,计量单位是帧/秒(fps)。帧的英文frame又翻译为"格",帧率可以理解成每秒钟容纳了多少格(帧)的图像,容纳的格数(帧数)越多,帧率越高,反之则越低。

升格,就是提高拍摄帧率,使其大于播放帧率,在播放时呈现流畅的慢镜头效果。举例来说明,拍摄帧率设置为50 fps,即1秒钟内拍摄了50帧图像,而播放帧率设置为25 fps,即1秒钟内只能播放25帧图像,拍摄帧率与播放帧率之比为2:1,用2秒钟来播放1秒钟拍摄的素材,慢动作就出现了。如果想借升格来慢速呈现一些高速运动,例如酒水饮料广告片中常见的水花溅起效果(图5.40),应将拍摄帧率设置得更高。

图5.40 冰块落入酒杯的升格镜头

升格是流畅的慢镜头画面,这意味着并非所有慢镜头都能称为升格。如果拍摄帧率为25 fps,在后期编辑时放慢一半速度来播放,则播放帧率为12.5 fps,达不到人眼视觉残留的最低标准(15 fps),画面看上去如同定格动画,有明显的断续、跳跃感。第1章的"影视案例分析"中提到,人工智能技术可以把低帧率的影像(如《火车进站》)修复成高帧率的,尽管如此,经济成本和时间成本是高昂的,修复后的效果也远不及实拍。所以,没有前期拍摄时的高帧率设置,仅靠后期来实现升格,在目前看来是不现实的。

需要提醒的是,在灯光环境下拍摄升格,容易出现频闪。之前提过,我国民用交流电的标准频率是50 Hz,导致灯光的闪烁频率达到100 Hz,即每秒钟闪烁100次,当升格拍摄的帧率大于100 fps时,每次闪烁过程至少用2帧来展现,肉眼看见频闪的可能性就提高了。解决方法有两个:一是在自然光环境下拍摄;二是改用直流供电的灯具,如影视LED灯。

5.5.2　降格

降格,就是通过降低拍摄帧率的方式,使其小于播放帧率,从而在播放时呈现快镜头效果。举例来说明,拍摄帧率设置为15 fps,即1秒钟内拍摄了15帧图像,而播放帧率设置为30 fps,即1秒钟内播放30帧图像,拍摄帧率与播放帧率之比为1:2,用0.5秒钟播完1秒钟拍摄的素材,快动作就出现了。降格类似照片摄影中的"延时摄影",适合表现时间的流逝,如风云变幻、斗转星移、人来人往、车水马龙等(图5.41)。

图5.41　降格镜头下的车流

除了在前期拍摄时设置低帧率外,后期处理也能实现降格效果,即对拍摄素材进行加速,并且比前期拍摄更简便,观感上没有差别。图5.42是电影《重庆森林》中的一个镜头,拍摄时,主人公故意以极慢的速度投币,路人则保持正常的走路速度,后期剪辑时将这一段素材加速,从而呈现出主人公在点唱机前缓缓投币,身后人流如织的降格效果。

图 5.42　后期加速造成的降格效果

5.6　影视案例分析:《超级工程(第二季)·中国车》

《超级工程》是中央电视台于2012年开始打造的一档大型纪录片栏目,迄今共播出3季14集。第二季的主题是“交通改变中国”(图5.43),其中,第3集《中国车》从多角度介绍了我国高速铁路的建设成果。在将近50分钟的时长内,本章所涉及的多种摄像镜头语言获得了集中的展示。

图 5.43 《超级工程（第二季）》海报

一是对焦语言。图 5.44 是片中多次出现的移焦镜头，焦点从通话的调度员快速移至她面前的电脑屏幕，表现出调度工作繁忙而有序。图 5.45 是机位固定的原地跟焦，镜头焦点跟随着列车长，让她一路远去的身形始终清晰。图 5.46 是高铁信号软件换装施工中的虚焦和泛焦镜头，用虚焦来放大信号灯的闪烁，强调时间的紧迫性，再用泛焦来清晰展示一排排柜组，表明该项工作的繁重程度。

图 5.44　移焦

139

图 5.45　跟焦

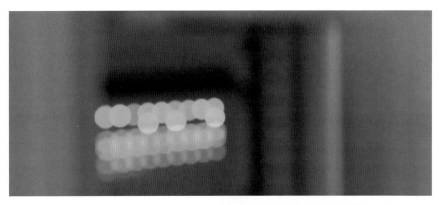

图5.46　虚焦与泛焦

二是焦距语言。以站台场景为例：图5.47(a)是用广角镜头拍摄的,这从左侧明显向内倾斜的立柱和行人就可以看出；图5.47(b)属于长焦镜头,从远端驶来的列车前后宽度基本一致,未形成近大远小的空间纵深感；图5.47(c)则居于两者之间,画面两侧没有向内倾斜,车头与车身在视觉上的比例也符合人眼的正常观感。

（a）广角

（b）长焦

（c）中焦

图 5.47 不同焦距下的高铁站台

三是固定镜头语言。

先看景别。以高铁电力系统控制芯片的生产车间场景为例：图5.48(a)用远景展示了其中一个车间的全貌，多位技术人员各司其职；图5.48(b)用全景展示了技术人员从上到下的着装特征，反映出车间对无尘化的严苛要求；图5.48(c)用中景展示了两位技术人员谨慎而娴熟的配合操作；图5.48(d)用近景展示了技术人员检查产品时一丝不苟的态度；图5.48(e)用眼部特写展示出技术员对工作的全情投入。景别越小，观众越容易感受到技术人员的事业心与责任感。

(a) 远景

(b) 全景

图5.48 不同景别下的高铁芯片生产工作

（c）中景

（d）近景

（e）特写

图5.48 不同景别下的高铁芯片生产工作（续）

再看高度。以行驶在高架铁轨上的列车为例：图5.49（a）尽管是从桥下向桥上拍摄，但因为距离较远，仰角接近水平，所以仍属于平摄；图5.49（b）是近距离从桥下拍摄，仰角明显；图5.49（c）是用无人机从高处俯摄，更利于列车飞驰姿态和空间纵深感的展现;图5.49(d)是让无人机飞到更高处,镜头垂直向下进行顶摄,交代了该段轨道沿线的总体地貌特征。

(a) 平摄

(b) 仰摄

(c) 俯摄

(d) 顶摄

图5.49　不同高度下的高铁列车

　　然后看方向。以高铁列车上的工作人员为例：图 5.50(a)中，迎面走来的是一位新线路运行检测团队负责人，镜头配合着旁白，从正面描述着他的身份；图 5.50(b)

（a）正面

（b）侧面

（c）反侧与斜侧

（d）背面

图 5.50　不同方向下的列车工作人员

是侧面镜头,刚刚换班下车的列车员目送着列车驶离,一静一动形成对比;图5.50(c)中,正在对话的列车长与餐车员在镜头前分别表现为反侧与斜侧;图5.50(d)采用了背面镜头,将驾驶员工作时的姿态和视野同时展现给观众。

最后看视点。图5.50(d)虽然让观众获得了接近驾驶员的视野,却仍属于客观视点;而在图5.51中,观众彻底化身为驾驶员,以主观视点来体验高铁列车飞速行驶和迎面交会时的风驰电掣感。

图5.51　驾驶员主观视点

四是运动镜头语言。图5.52表现的是当天运营结束后的火车站,此时采用非常缓慢的推镜头,既符合静谧的外部环境,也为即将在站内控制室进行的信号软件

图5.52　推镜头

换装施工增添了紧张气息;图5.53用快速后退的拉镜头,对上海铁路局调度指挥中心2万平方米的面积作直观地展示;图5.54是在固定机位上从左向右摇镜头,以完整展现列车飞驰而过的场面;图5.55分别是移镜头当中的平移、升移、弧移和跟移,机位均发生了移动。

图 5.53　拉镜头

147

图 5.54　摇镜头

(a) 平移

(b) 升移

(c) 弧移

(d) 跟移

图 5.55　移镜头

　　片中也运用了一些特殊的镜头运动,例如甩镜头。同样为了展示上海铁路局调度指挥中心内部的宽敞,图 5.56 采用了甩镜头的方式,起幅、运动、落幅干脆利落,完整呈现出画面。

（a）起幅

（b）运动

（c）落幅

图5.56 甩镜头

　　五是帧率语言。片中为了表现高铁建设和运输的忙碌情景,频繁使用降格镜头来加快画面节奏,如图5.57中的车厢制造车间,工人忙碌穿梭的虚晃身影便由此产生;图5.58则是用升格镜头来表现车厢焊接工作的细致认真,从连成一线的火花飞溅轨迹可以看出,这种慢速效果来自拍摄时的高帧率,而非借助后期编辑软件进行降速。

149

图 5.57　降格

图 5.58　升格

综合上述分析,可以看出,繁多而不混乱,重复而不单调,是《超级工程》系列在镜头语言运用上的一大特色。

第6章

摄 像 构 图

　　"构图"这一概念源自绘画,之后被摄影采用。其实摄像也讲究构图,需要考虑如何把场景中的各种可见元素在一个镜头画面中组织起来,用以表达特定的主题,提升画面的美感,让固定镜头不乏味,让运动镜头不凌乱。并非所有的镜头画面都称得上构图,从动机上看,构图是主动、自觉的,从结果上看,构图能明显体现创作动机,两者缺一不可。严格地说,摄像构图也属于镜头语言,只不过更为复杂,并且时刻处于变化当中,因此要灵活运用,切忌生搬硬套。

6.1　构图的三大元素

6.1.1　主体

　　在一个镜头中出现的所有元素,归纳起来总共分三大类:主体、陪体和环境。三者之间,不是用元素的性质——人或物——来区分,也不是靠元素的数量——多或少——来界定[1],而是依据各自在构图时所发挥的作用。

　　主体,就是前文提过的"主要被摄体",可以理解为某一镜头中的主角,是构图和表达镜头主题的核心元素,也是表达整个作品主题的重要元素,允许单独存在于镜头中[2]。主体必须满足下列四个条件,缺一不可:第一,具有独立的形象;第二,与其他元素之间形成显而易见的主次关系;第三,决定着该镜头的主题;第四,是整个

_____

　　[1] 每大类元素的数量没有限制。比如,主体可以是一个人,也可以是一群人。

　　[2] 例如大特写的画面。

作品主题走向的影响者之一,而不仅仅是装饰者。

构图时,应首先确定好主体的位置或行动轨迹,再利用直接或间接的方式来表现主体。

被直接表现的主体,有两种类型:一是中心主体,即主体位于画面中心区域,人眼观察事物时,视觉在一开始会本能地汇聚在中心位置;二是大面积主体,即主体在画面中占据较大比例,产生近似特写的景别效果。图6.1是电视剧《大江大河》中同一角色的不同镜头,展现了上述两类情况。

(a) 中心主体

(b) 大面积主体

图6.1 主体

被间接表现的主体叫作非中心小主体,虽然出现在画面内,但不位于画面中心区域,所占比例又较小,是通过其他元素的衬托或画面整体结构的设计,才成为视觉重心,如图6.2中的滑雪者。与中心主体和大面积主体相比,非中心小主体对构图更为依赖,具体如何实现,答案将在介绍构图方式时揭晓。

图6.2 非中心小主体

在连续的几个镜头中,尽量将直接表现和间接表现穿插使用,避免画面过于单调,也能更加全面地展示主体。

6.1.2 陪体

陪体,可以理解为某一镜头中的配角,与主体之间有着语言或行为上的直接关联,是构图和表达镜头主题的次要元素,用来衬托主体,又依托着主体,不能脱离主体单独存在于镜头中。由于影视画面是连续的、变化的,上个镜头的陪体在下个镜头就可能成为主体,甚至在一个镜头内,前一秒还是陪体,后一秒就成了主体,反之亦然。除了变为主体,陪体还能变为环境或环境的组成部分。

陪体也分为直接表现和间接表现两种类型。前者是指陪体较完整地出现在画面中,和主体之间的关联直接被观众看到,又不削弱主体的存在;后者是指陪体局部出现或完全不出现在画面中,依靠主体引导和场景信息,让观众在想象中形成陪体的完整形象,使之与主体关联起来。以电影《音乐之声》中的两个镜头为例:镜头一,主体是弹吉他的女教师,吉他和散坐在草地上的孩子们属于直接表现出来的陪体(图6.3);镜头二,吉他只露出局部,是间接表现的陪体,孩子们则完全没有出现,

153

但是通过主体(女教师)的眼神和孩子们跟唱的声音,观众清楚地知道,孩子们仍在现场,这也是间接表现(图6.4)。

图6.3　直接表现的陪体

图6.4　间接表现的陪体

陪体在构图上的作用也不容小觑。图6.3中,孩子们并未簇拥在一起,而选择分散围坐,是构图考量的结果,既能充实画面,又能表现出师生间的融洽关系。

6.1.3　环境

环境,是主体和陪体所处空间内其他所有元素的综合体,包括人和物[①],与主体

———————————————

① 气体、光线都属于物。

之间的关联是间接而非直接的,用来衬托主体,渲染情绪,交代场景信息,可以不出现在镜头内。环境分为前景、背景、中景[①]和空景。

前景是位于主体和摄像镜头之间的环境元素。在固定镜头中,拍摄者通过前景形成的空间透视关系来交代主体自身及所处环境的信息。图6.5出自纪录片《大猫》,一只锈斑豹猫正在小心翼翼地行走,作为世界上最小的猫科动物,前景中的一片落叶就可遮挡住它的全身。落叶在这里至少传递出两个信息:主体的大小、主体的生存环境。在运动镜头中,前景还能通过对比来增强画面的运动感。图6.6出自电影《罗马》,主人公和家人出门购物,路上遇见游行示威活动。警察和车辆组成相对静止的前景,让主体的行进轨迹更加凸显。

图6.5 固定镜头中的前景

图6.6 运动镜头中的前景

---

① 此"中景"非景别意义上的"中景"(第5章知识点)。

背景,又称后景,是位于主体之后的环境元素,包括各种类型的"留白",如天空、远方、光亮、混沌,这些看似虚无,却是构图意义上的"实"。拍摄者通过控制背景信息量的多寡来突出或淡化主体。背景越简洁或虚化,主体越突出;背景越复杂或清晰,主体越淡化。图6.7出自电影《水形物语》,主人公站在岸边眺望,背景由水面、建筑物和天空组成,其中,天空占比最大,也最简洁,在它的映衬下,主体以醒目的剪影形式呈现在观众面前,孤独感跃然而出。图6.8出自电影《让子弹飞》,看客们组成了整个背景,他们看热闹、瞎起哄的丑陋嘴脸在画面中暴露无遗,在情节上弱化了主体自证清白的努力,在视觉上分散了观众对主体的关注。

图6.7 背景信息量少

图6.8 背景信息量多

中景是与主体处于相同物距上的环境因素,主体的全部活动都发生在中景范围内。换句话说,中景会随着主体位置的前后移动而改变,当主体来到原属于前景或背景的某一位置时,该位置及相同物距的环境因素就变成了中景,之前的中景则会变为背景或前景。以电影《海蒂和爷爷》中的一个镜头为例,爷孙俩向镜头走来,使画面左下角的长椅由开始时的前景变成中景,画面右侧的杂草丛也由中景变成了背景(图6.9)。

图6.9 中景随主体改变

综上可知,前景、中景、背景与是根据环境与主体之间的相对位置来划分的,而第1章里讲到的"空气透视"近、中、远三个层次则与主体无关,两个知识点之间既相关联又相区别,不能混淆。在一个有主体存在的镜头里,环境跟陪体一样,都是构图和表达主题的次要元素,不能脱离主体单独存在;当一个镜头里从头至尾都未曾出现过主体,也就没有前景、背景、中景的概念了,而只会有空景。

空景,又称空镜头、景物镜头,是指没有主体和陪体,完全由环境因素构成的镜头画面,主要作用是介绍场景、营造氛围、渲染情绪、表达象征、转场过渡,并间接地衬托其他关联镜头里的主体。一般情况下,空景里是没有人的,即便有,也只能作为环境的组成元素,在构图上不具备独立性。例如,电影《小森林》中大量使用空景,图6.10中虽然出现了行驶的汽车,但这种人为活动并不是镜头的关注点,不影响主题的表达。

图6.10 电影《小森林》中的空镜头

6.2 构图的六大方式

6.2.1 中心式

构图是主动、自觉的创作行为,有无限种可能供人们去发掘。目前已知的构图方式中,中心式、对称式、对比式、导线式、三分式、框架式等六大类最为常见。

中心式构图分两种类型——中心主体式、核心环绕式。

中心主体,即主体位于画面的中心区域,如前面的图6.1(a)。这是最简单、最常见的构图方法,能够直接突出主体,彰显主题,但缺少动感和变化,容易陷于呆板、流于平淡。

核心环绕,即画面中的元素围绕着某一核心,明显呈放射状或回旋状[①]的分布方式,这个核心一般在画面内,也可以在画面外的不远处。如果主体出现在画面中,要么位于核心上,要么位于放射或回旋的路线上。这种构图能够增强画面的张力,适用于较大的景别,例如从高处俯瞰回旋的楼梯,核心就在最底层中心位置(图6.11)。

图6.11 广告片 *Bellagio Shanghai Brand Video* 中的核心环绕式构图

6.2.2 对称式

在对称式构图中,画面正中会存在一条有形或无形的对称轴,双方对等地分列左右或上下,产生形式上的稳定与和谐感。对称双方的身份有多重可能:主体与另一主体、主体与陪体、主体与环境、主体与自身、环境与环境。对称式构图也分两种类型——结构对称式、重量对称式。

结构对称,是指双方在结构上较为接近,画面按轴线对折后,双方大体重合。图6.12(a)中,树木整齐地排列左右两侧,对称轴就是中间的道路;图6.12(b)属于上下对称,对称轴是水岸交接线;图6.12(c)不仅包含中心和对称两种构图方式,还

① 曲线回旋或直线回旋皆可。

同时做到了上下对称和左右对称,水平方向的对称轴比较明显,是水岸交接线,而垂直方向的对称轴比较隐晦,由居中的角楼及其倒影构成。

(a)左右对称

(b)上下对称

(c)上下及左右对称

图 6.12　结构对称

重量对称,是指结构上并不对称的双方,在观众的视觉感受上具有重量的平衡感。《龙猫》作为动画电影,虽然不是实景拍摄,但在构图上有许多值得借鉴之处,如图6.13中的小女孩与大龙猫,同为主体的两者在体型上差异巨大,但画面却没有因此失衡,原因就在于,在暗黑潮湿的冷色调环境里,女孩的衣服和雨伞、站牌处的灯光、画框左侧射来的车灯都是暖色调,增添了画面左半边的视觉重量。除了色彩,影响视觉重量的因素还有很多,譬如距离。图6.14出自电影《达拉斯买家俱乐部》,画面左半边的山峰和右半边的人物形成了一低一高两处凸起,山虽重却远,人虽轻却近,两者间达成视觉上的平衡。

图6.13 重量对称的颜色因素

161

图6.14 重量对称的距离因素

对称式构图多用于固定镜头和缓慢的运动镜头中,因为一旦镜头快速运动起来,这种对称很难不被打破。

6.2.3　对比式

对比式构图,是在镜头中通过强调双方的差异来表达主题,丰富画面的层次感。对比的双方无须对称,但在身份上与对称式构图的范围一致。能引发对比的因素有很多,下面列举五种最常见的。

大小的对比,这最容易理解,是指双方在体积上具有显著的差异。这种差异带来的不协调感,除了能制造滑稽效果,还能制造出压迫与反抗的对立效果。图6.15是电影《摩登时代》中的经典镜头,卓别林扮演的工人被卷入机器内部,还不忘工作,习惯性地修理体积数倍于自己的巨大齿轮,展现了工业化对人的异化和压迫。

图6.15　大小对比

明暗的对比,需要借助明暗反差强烈的现场光线来实现。多数情况下,是以暗部衬托亮部,来凸显亮部中的元素,也可以将一些多余的元素用暗部来隐藏;少数情况下,是以亮部衬托暗部,例如网络剧《使女的故事》中的这个镜头,窗外的明亮阳光映衬出主体从表情到内心的暗沉(图6.16);极少数情况下,双方互相衬托,如一些表现正邪对峙的镜头。

图6.16 明暗对比

　　色彩的对比,表现在色相、明度、纯度三个层面上[①]。在实际应用中,色相层面的冷暖色对比最为常见。例如在惊悚悬疑类型的电影《七宗罪》中,黑、灰、绿的冷色调是笼罩全片的主色调,而不时穿插其间的红色就显得特别扎眼,预示着鲜血和死亡(图6.17)。

163

图6.17 色彩对比

---

　　① 即色彩的三大属性,在第1章"摄像成像原理"中介绍过。

虚实的对比,通常是以虚衬实,有两种实现方法:其一是当双方位置有远近差异时,利用小景深,只让一方处在焦内;其二是当双方运动速度有差异时,让镜头对准一方,使其保持清晰,而另一方是模糊的。电影《小鞋子》中的两个镜头分别展现了上述情况:图6.18(a)用虚化的贫民窟内墙来衬托少年的知足常乐,图6.18(b)用虚化的富人区外墙来衬托贫穷父子间的真情关爱。

(a) 小景深

(b) 慢速快门

图6.18 虚实对比

动静的对比,包括以动衬静、以静衬动和动静互衬三种情形。前两种情形与虚实对比有重叠之处,如上面的图6.18(b)便是以静衬动。而动静互衬,即动静双方可以同时成为被突出的对象,以电影《喜剧之王》中的镜头为例,女主角坐在临海的窗台上,静看潮起潮落。涌动的海面在这里起到两个作用,既是衬托主体静美姿态的背景板,又是对人物内心波动的外化展现(图6.19)。

图 6.19　动静对比

此外,还有高低、形状、数量、方向等对比因素,这里就不一一介绍了。

6.2.4　导线式

　　导线式构图,是用连续或断续的线条,将观众视线引向画面纵深处或画面内外某处。主体出现时,线条代表着主体的行动轨迹;主体未出现时,会引发观众对线条两端的想象。常用的导线有汇聚线和斜线两种,以纪录片《港珠澳大桥》为例。

　　汇聚线,就是第 1 章提到过的"线条透视",利用物体的近大远小、近高远低,在视觉上勾勒出向画面纵深处汇聚、消失的若干道线条。图 6.20 中,这些线条表现为黑色的路面、白色的墙面和标志线、红色的管道、明亮的顶灯,笔直地向远端汇聚,让观众对港珠澳大桥超长的海底隧道有了更直观的印象。

图 6.20　汇聚线构图

斜线,包括小斜线、对角线和S线。小斜线指画面内最主要的一道线条因视点或坡度而呈现出一定程度的倾斜;当倾斜的角度稍大一些,线条的两端指向或贯穿画面的对角,形成对角线构图;当小斜线、对角线中间出现不少于两次的明显弯曲,就形成了S线构图。片中对上述三种斜线构图均作了展示(图6.21)。

(a) 小斜线

(b) 对角线

(c) S线

图6.21 导线式构图

至于水平和垂直方向的导线,有的四平八稳,缺少特色,有的可归入中心式或对称式构图,有的则适合归入下面两大类。

6.2.5　三分式

三分式构图分两种类型——三分线式、三分点式。

三分线,是指镜头要捕捉的主要线条呈水平或垂直方向时,为避免中心式构图的单调,可将其平放于画面上下或左右方向的约1/3处。图6.22(a)中,海天交界线位于下方三分线(红线)附近,既未完全脱离中心区域,又让画面表现出"天比海阔"的不对称美感;图6.22(b)同样是大海,虽然海天交界线处于中心线位置,但主要线条不是它,而是位于左侧三分线处的栈桥尽头边沿,这时表现出一种"海比岸阔"的不对称美感。

(a) 水平三分线

(b) 垂直三分线

图6.22　三分线式构图

三分点,通常称作"井"字构图、九宫格构图。上下方向的两条三分线与左右方向的两条三分线会在画面中形成四个交叉点,每个点的位置都接近黄金分割点[①]。构图时,将各主要元素至少安排在其中一个点上,不仅易于吸引视觉关注,还使画面兼具平衡感和变化感,这就解答了前文关于图6.2的疑问,镜头让运动中的滑雪者始终处于左上角的交叉点上,使之成为观众视觉的焦点。图6.23则占用了其中两个交叉点,即左上角的夕阳、右下角的划船者,同时,海天交界线与船身分别位于上下方向的两条三分线上。当然,实际拍摄时,我们无须苛求现场条件如此完美,三分点式构图的适用范围广于其他任何构图方式,只要抓住其中一个交叉点,就可以放心大胆去尝试。

图 6.23 三分点式

6.2.6 框架式

框架式构图分三种类型——主体框架式、陪体框架式和环境框架式。

主体框架,指以画面中的框架结构为主体。图6.24出自电影《神探》,三个人及三把手枪形成了一大一小两个三角形,与单一的点和线相比,这种框架式的主体结

[①] 黄金分割点是指把一条线段分割为两部分,使其中一部分与全长之比等于另一部分与这部分之比,比值约等于0.618。

构让画面显得不仅稳固,还更加充实。

图6.24 主体框架式

陪体框架,指以画面中的框架结构为陪体,形成多重窥探的视觉效果——观众窥探框架内的主体,观众窥探作为框架的陪体,有时连主体也在窥探陪体。图6.25出自电影《毕业生》,陪体的腿部和画面下沿构成了一个三角形框架,将主体形象围在其中,此时,观众的注意力大部分在主体身上,小部分被美腿吸引过去,而镜头中的主体正抵御着陪体的引诱。

169

图6.25 陪体框架式

环境框架,指以画面中的框架结构为前景或背景,将观众的注意力全部引向框架内。图6.26出自网络剧《赘婿》,这个透过栏杆空隙的俯摄角度,隐晦道出主人公一行被暗中监视的处境。

图 6.26 环境框架式

框架的形式不拘一格,圆形的或多边形的、实体的或非实体的、具象的或抽象的、封闭的或开放的,都可以运用到构图当中。

6.3 构图的三大原则

6.3.1 主题原则

表达主题是一切构图的首要任务。为此,有时甚至需要打破常规,故意制造不稳定、不平衡的画面效果。

第5章讲镜头语言时提过"没有一个镜头是多余的",构图亦然,即便是空镜头,也要为主题服务,不能忽视构图。以前文的图 6.10 为例,小森林并非人迹罕至的秘境,而是人与自然和谐共生的村落。为传递这一信息,这里的空镜头运用虚实对比、色彩对比来构筑三分式的画面,即天空和云雾占据上 1/3,植被和建筑占据下 2/3,前者凸显自然,后者凸显人居,两者之间平缓过渡,在远端交融。

170

当镜头中出现的元素过多时,更需要用构图来突出重点、表达主题。以前文的图6.6为例,当中有多个人物形象和环境因素,镜头采用动静对比和三分式的构图,将横向运动中的主人公一家锁定在左侧三分线处,形成相对静止的视觉效果,从而区分出主体、陪体和环境。

6.3.2 行动原则

摄像捕捉的不是一个瞬间,而是一段持续的时间。摄像时的构图是一个动态过程,应为镜头或被摄体在这段时间内可能发生的行动留下空间。

在运动镜头中,如果不预留好空间,很容易导致被摄体意外离开镜头。仍以图6.6为例,镜头在主体的行进方向上预留约2/3的画幅,这样一来,大大降低了意外发生的可能性。

在固定镜头中,为了充分展现被摄体的行动,如位置的移动、姿态的变化,应根据(或预判)其行动轨迹来构图。先看位置移动的例子,拍摄一列从远方驶来或向远方驶去的火车,无论火车头从画面内外的何处出现,一般情况下,都要让它的行进方向朝着较远一侧的画面边框,留下充足的运动空间①,即便镜头立刻切出,也为观众保留了想象的空间。再看姿态变化的例子,一个垂手站立的人突然抬起右手,指向前方,如果只能用一个侧面的固定镜头来表现上述动作,那么构图的主体应是"抬起右手的人",而非"垂手站立的人",至少要确保抬起的右手不被边框"截断"。

6.3.3 审美原则

在满足前两个原则的基础上,尽量追求视觉上的美感。视觉上的美感表现在单一元素和整体结构两个层面。

单一元素的美,即画面中某个元素具有独立且突出的美感,如鲜花、飞瀑、烟花、极光、名模、进球瞬间等,不用费心构图,只需将其较完整地展现,并准确曝光,就能牢牢抓住观众的视线。这种美可遇不可求,受构图影响较小。

171

---

① 如第1章介绍过的影视案例《火车进站》。

整体结构的美,即画面中若干个元素之间形成明显的关联,在视觉上产生中心、对称、对比、导线、三分、框架等突出的形式感。在这些结构中,原本普通甚至"丑陋"的单一元素也可能焕发出耀眼的光芒。这种美才是构图所追求的,当你真正具备了发现美的眼光时,会惊叹:"美无处不在!"

6.4 影视案例分析:《源代码》

科幻悬疑电影《源代码》的剧情是:当局为查明恐怖分子的下一个爆炸目标,反复将主人公送上一辆开往芝加哥市区的高速列车,而每次时长到达8分钟时,列车就会被炸毁(图6.27)。影片以狭窄的车厢为主要场景,构图上非但没有束手束脚,反而变化多端,显得游刃有余。

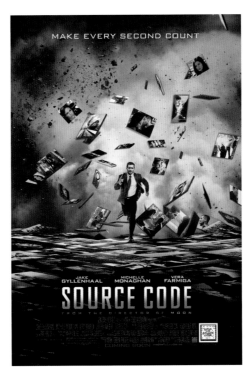

图6.27 《源代码》海报

　　主人公醒来时,发现原本应该身处战场的自己,此时却坐在车厢里,他盯着窗外,茫然不已。图6.28(a)中,主人公脸部在画面中占据较大面积,主体地位由此显现。趁着停车间歇,他走到车门外打探,发现列车目的地是芝加哥城。图6.28(b)中的干扰因素较多,主人公因居于中心位置,主体地位未受影响。他返回车厢坐下后,无心搭理对面喋喋不休的陌生蓝衣女子。图6.28(c)中,主人公既不占比最大,也不处于中心位置,但女子注视的目光维系住了他在画面中的主体地位。

（a）大面积主体

（b）中心主体

（c）非中心小主体

图6.28　主人公发现自己在列车上

　　主人公来到卫生间,发现镜子里的自己完全变了一副模样。他惊慌地拉开门,发现蓝衣女站在卫生间门口。图6.29(a)重点关注惊慌不定的主人公,门外的女子作为陪体出现;下一个镜头,即图6.29(b)中,焦点对准的是画面中心的女子,而非焦外的主人公,主、陪地位调换过来。

(a) 主体为主人公

(b) 主体换成蓝衣女

图6.29　两人在卫生间门口相遇

　　面对蓝衣女关切的询问,主人公表现得极不耐烦,突然一声巨响,爆炸的火焰瞬间将两人吞噬。图6.30(a)中,作为陪体的女子是直接出现在画面中的;图6.30(b)中,说话的女子背对镜头,只有头发露出,几乎是"闻其声不见其人",属于间接表现的陪体。

174

（a）直接表现的陪体

（b）间接表现的陪体

图6.30 两人在车厢过道上对话

175

再次醒来时,主人公发现自己身处一个冰冷黑暗的密封舱内,从面前的显示器上,他得知自己被当局选中来执行一项名为"源代码"的特殊任务,即利用脑电波的余晖效应,穿越到今早爆炸列车上一名乘客死前8分钟的记忆中,寻找凶手的蛛丝马迹,以避免接下来可能在芝加哥市中心发生的更大规模爆炸。于是,主人公被反复送到爆炸前8分钟的列车上,他使尽浑身解数,却一次次无功而返。图6.31用前景、背景和中景展示了主体(主人公)和陪体(蓝衣女)所处的环境信息:前景是两人身旁的包和纸袋等物品,表明没有其他乘客坐在这里;背景是车窗及窗外的风景,表明列车正在高速行驶中;中景是红色座椅,表明两人没有离开座位区。列车中途在郊区小站短暂停靠,图6.32(a)左下角的车窗对此交代得不够完整,接下来的图6.32(b)属于空景(空镜头),用缓缓停稳的车身和空旷的站台补全了上述信息。

图6.31 主人公在谈笑中排查乘客

(a) 窗外环境信息不充分

(b) 空景

图6.32 列车在小站短暂停靠

　　偶然间,主人公得知了自己已在两周前阵亡的消息。原来,他的大脑并未完全死亡,当局是利用他的脑电波来完成反恐任务。图6.33是主人公正在打电话查询真相,这里至少用到了三种构图方式:中心主体式,主人公位于画面中心位置;结构对称式,以主人公为中轴线,左右两侧空间大致对称;环境框架式,金属框像画框一样围住主人公。

图6.33　主人公打电话探寻自身真相

　　回到密封舱后,主人公与显示器中的女军官对质,希望得到全部真相。图6.34属于典型的三分式构图,主人公位于左三分线上,显示器位于右上角的三分点上,两者得以从黑暗的环境中凸显出来。

图6.34　主人公与女军官对话

177

女军官应对逼问时有些慌乱，于是当局的负责人亲自来到屏幕前与主人公对话，承诺任务完成后让他安息。图6.35中的显示器比之前扩大数倍，与主人公之间形成了大小、明暗、虚实的对比关系，这种对比式的构图，勾勒出当局负责人的强势作派。

图6.35　主人公与负责人对话

主人公继续执行任务，这次，他将图6.36中的这个络腮胡男子视为重点怀疑对象。虽然情节的重心在画面左侧，但导线式构图会将观众的部分注意力引向右侧，另一个男人从口袋里掏出什么东西扔到座位上。从后面的剧情得知，这是关键的伏笔，真凶在中途小站下车前，将钱包丢在列车上，制造出自己也被炸死的假象，以洗清嫌疑。

图6.36　主人公尚未注意到真凶

幸好，主人公很快就发现了真凶，并尾随下车，获取了更多情报，帮助当局在现

实世界中顺利抓获真凶。图6.37也是环境框架式构图,并且采取了第5章讲过的
主观视点,利用车窗帮助主人公和观众同时锁定凶手。

图6.37 通过车窗锁定目标

任务完成后,主人公向当局提出请求,希望能够最后再回去一次,阻止列车爆
炸,拯救包括蓝衣女在内的全车乘客。在女军官的暗中帮助下,主人公如愿以偿,
并留在那个平行世界中,开启了全新的人生。图6.38是芝加哥市区的空镜头,因为
平行世界里没有发生列车爆炸案,所以显得安宁祥和。

179

图6.38 平行世界里的城市

在有限的空间内进行构图,对任何拍摄者来说都很棘手,可一旦处理好,便会
产生意想不到的效果。这也是许多密室类题材影视作品成功的秘诀之一。

第7章

摄 像 用 光

　　摄像曝光强调摄像器材对现场光线的把控,而摄像用光侧重的是现场具有怎样的光线条件。天然完美的现场光线是可遇不可求的,遇见了也很可能转瞬即逝,虽然现今的数字后期编辑技术神通广大,但在光线处理上还必须依赖前期拍摄。因此,摄像工作者不仅要学会捕捉光线,还应学会制造光线,用来再造真实或表达想法,以符合拍摄主题的需要。

7.1　摄像用光的种类

7.1.1　光的来源

　　按来源分类,摄像用光无外乎自然光和人造光这两种。

　　先说说自然光。自然光主要来自太阳光[①]的直射、漫射和折射。白天时,太阳光只有在晴朗无云时才会直射进来,其他时候都是透过云层形成漫射,而水面的反光、夜晚的月光属于太阳光的折射。自然光的优点是覆盖面广、过渡均匀、真实感强,缺点是不以人的意志为转移,直接受时间和天气影响,变幻无常,难以把握。但与照片摄影不同,摄像本身就包含了时间的流动,所以,这个缺点一旦被利用好,反而有助于真实感的营造(图7.1)。自然光大多担任外景拍摄的主要光源,在内景拍摄中,一般起辅助作用。

---

　　① 雷电、山火也属于自然光源,但不常见。

图7.1 电影《天堂之日》中的自然光

再来看人造光。人造光由各种灯光设备发出,按功能大致分为聚光灯、散光灯、效果灯(图7.2),均属于常亮灯,而摄影中经常用到的闪光灯,在摄像中几乎没有用武之地。与自然光相比,人造光覆盖面窄、过渡生硬、真实感弱,但能够被人控制,具有照明的稳定性和创作的灵活性。人造光是内景拍摄的主要光源,若用在外景拍摄中,除了辅助自然光,提升光线的层次感,有时还能替代自然光。例如网络剧《长安十二时辰》有大量白天外景戏是在夜晚拍摄的,当中的太阳光效完全靠人造光营造(图7.3)。摄影摄像是用光的艺术,有人在中间加了两个字,变成"摄影摄像是把钱用光的艺术",虽有玩笑的成分,却也道出了部分实情。想用人造光模拟出自然光和真实的场景光效,甚至有所超越,须在设备及人员上投入不菲的经费。

(a) 聚光灯 　　　　　 (b) 散光灯 　　　　　 (c) 效果灯

图7.2 摄像灯光

图7.3　用人造光模拟太阳光效

7.1.2　光的品质

　　按品质分类,摄像用光分为硬光与软光。

　　硬光,是直射的方式,在受照体表面或周围形成清晰明暗交界线的光线类型。硬光一般由距离受照体相对较近的聚光灯发出,光线较为汇聚,方向感强,照度也较高,受光面与背光面明暗对比强烈。用硬光来塑造形象,优点是立体感强,缺点是容易导致明处过曝、暗处欠曝,损害受照体的细节表现(图7.4)。

图7.4　硬光

软光,是以漫射的方式,不在受照体表面及周围产生明显阴影的光线类型。人造的软光有两种:一是散光灯,又称柔光灯;二是借柔光罩、反光板等辅助设备,将太阳直射光、聚光灯发出的硬光漫射出去。光线经多次转折才到达受照体表面,受行程影响,照度降低,而且方向感弱,不能在受照体上显著区分出受光面与背光面。用软光来塑造形象,缺点是立体感弱,而优点则是受光均匀,细节保留得较为完好(图7.5)。

图7.5　软光

7.1.3　光的冷暖

按冷暖分类,摄像用光分为暖色调、冷色调与中性色调。

暖色调对应的是低色温,画面整体偏红、偏黄,给观众以温暖、热情的视觉感受;冷色调对应的是高色温,画面整体偏蓝、偏紫,传递出冷清、平静的视觉感受;中性色调介于两者之间,对应的是中色温。

电影《流浪地球》使用了大量冷、暖色调的镜头。图7.6(a)讲述的是宇航员们被火箭发射升空,送往担负领航任务的空间站,他们承载着人类寻找新家园的希望,此时画面也呈现出暖色调;而图7.6(b)讲述了多年以后,地球仍在寻找家园的路途当中,地表已经寒冷得不适合生存,冷色调的画面也是对人们悲观情绪的写照。

（a）暖色调

（b）冷色调

图7.6　光的冷暖

制造冷暖色调,除了使用相应色温的光源之外,还能通过在白色光源前放置相应色温的滤色片来实现(图7.7)。

图7.7　滤色片

7.1.4 光的方向

按水平方向分类,摄像用光分为顺光、侧顺光、侧光、侧逆光与逆光(图7.8)。

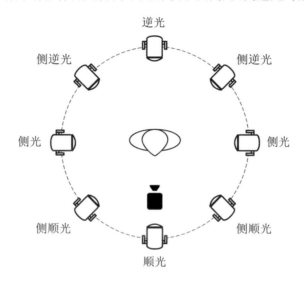

图7.8 光的方向示意图

顺光,指光从镜头正后方投射出来,受照体的受光面完整展现在镜头中。一方面,受光面亮度分布均匀,细节平淡,没有显著的明暗对比,因此导致表面缺乏立体感;另一方面,光投射产生的阴影完全收缩在受照体背后,导致空间感的缺失。如图7.9所示,人物脸部明亮清晰,但显得扁平无棱,身体也仿佛贴在背景上。

图7.9 顺光

侧顺光,又称前侧光、3/4光,指光的投射方向与镜头方向形成明显的锐夹角,受照体的受光面大部分展现在镜头中。从镜头方向看过去,光线将受照体表面划分为明大暗小的左右两块区域,能塑造受照体表面的立体感和细节的质感。如图7.10所示,人物脸部大半边被照亮,小半边被阴影覆盖,加上鼻梁、嘴唇等凸起部分制造的明暗对比,显得瘦削有棱角。

图7.10 侧顺光

侧光,指光的投射方向与镜头方向形成90°左右的夹角,受照体的受光面有一半展现在镜头中。从镜头方向看过去,光线将受照体表面划分为明暗各半的左右两块区域,进一步强化了受照体表面的立体感和细节。如图7.11所示,以鼻梁、唇尖为分界线,人物脸部半边被照亮,另半边被阴影覆盖,明暗之间过渡生硬,对比强烈。

图7.11 侧光

　　侧逆光,又称后侧光、1/4光,指光的投射方向与镜头方向形成明显的钝夹角,受照体的受光面小部分展现在镜头中。从镜头方向看过去,光线将受照体表面划分为明小暗大的左右两块区域,暗处的立体感和细节损失较多,但明处的边缘会出现明亮的轮廓线条,突出了空间感。如图7.12所示,人物脸部大半边被阴影覆盖,而被照亮的小半边脸庞,与头发、肩膀连成一线,使人物与背景有所剥离。

图7.12　侧逆光

　　逆光,指光的投射方向与镜头方向相反,受照体的受光面完全不在镜头中展现。逆光对受照体的塑造,分两种情况:一是受照体未完全遮挡住光源或背景明亮处,使其在身后出现,受照体成为剪影,空间感被弱化,如第6章里的图6.7;二是受照体完全遮挡住光源或明亮背景,边缘溢出的光亮勾勒出较完整的轮廓线条,与背景剥离开来,空间感被强化(图7.13)。

图7.13　逆光

7.1.5 光的高度

按垂直高度分类,摄像用光分为高位光、水平光、顶光与底光(图7.14)。

图7.14 光的高度示意图

高位光,指光从高处斜射下来,与受照体所在的水平面形成明显的锐夹角。人们在户外感受到的自然光照,多属于高位光,因此为使光照环境贴近真实,摄像用光无论位于哪个水平方向(顺光、侧顺光、侧光、侧逆光、逆光),通常都采用高位光,这样也能避开机位。受照体在高位光照射下,受光面凸起处的下方会形成小面积的倒三角形阴影,产生一定的立体感(图7.15)。

图7.15 电影《罗马假日》中的高位光

水平光,指光从水平方向投射到受照体表面。除了日出、日落和高纬度地区的日照之外,水平光在户外并不常见,所以在摄像用光中较少出现,主要用于勾勒受照体的轮廓,修饰某个细节,以及表现一些特殊效果,例如光线从门缝、墙洞里透射出来,又如台灯、蜡烛照亮旁边的人脸(图7.16)。

图7.16 电影《西西里的美丽传说》中的水平光

顶光,指光从高处垂直投射到受照体表面。除了夏日正午时的阳光之外,顶光在户外也不常见,很多时候还成了摄像中需要规避的光线,因为与高位光相比,顶光会在受照体受光面凸起处的下方形成更大面积的阴影,产生具有强烈视觉冲击力的立体感。尤其是投射到脸部时,易于塑造神秘、威严、阴沉的人物形象(图7.17)。

189

图7.17 电影《雷神2》中的顶光

底光,又称脚光,指光从低处向上投射到受照体表面。自然界中的底光比顶光更少见,而且与顶光相反的是,底光会在受照体受光面凸起处的上方形成阴影,产生反常的立体感。在图7.18中,来自手电筒的底光,将人脸刻画得如同鬼魅一般,所以底光又有"鬼光"之称,常用来营造恐怖氛围。

图7.18 电影《大逃杀》中的底光

7.2 摄像布光

7.2.1 布光光线的功能类型

摄像布光,就是运用上述不同种类光线的特点,在现场专门搭建起符合拍摄主题需要的光照环境(图7.19)。正确的布光,所用到的光线一定是各司其职且相互配合的,按照功能类型,可大致分为主光、辅光、背景光、轮廓光与装饰光。

图7.19 绿幕拍摄布光

主光，是塑造主体形象，决定场景光线基调的主要光线，可以处于任何方向和高度。在拍摄时，应首先安排好主光的位置、照度及各项指标，再来配置其他功能光，例如，光的冷暖要保持一致。画面中只要有光亮，主光就必定存在。

辅光，又称补光，是塑造主体形象的辅助光线，一般为顺光或侧顺光。辅光要与主光拉开一定的距离和角度，这样才能提亮主体呈现在镜头画面中的阴影部分，减弱主光造成的明暗对比效果，丰富细节层次。当辅光照度等于主光时，就形成了双主光模式；当辅光照度超过主光时，主辅关系就会颠倒。

轮廓光，是勾勒主体边缘轮廓的光线，一般为处于高位光或顶光高度的逆光或侧逆光，可由该位置的主光来兼任。轮廓光的作用是把主体从背景中剥离出来，为了达到这个效果，使用时需要注意四点：一是与主光之间的水平夹角不小于90°；二是尽量用聚光，让照明范围可控；三是照度不能低于主光，否则无法突出主体的轮廓，但也不能过强；四是光源高度要超过背景光，避免相互干扰。

背景光，又称环境光，是通过照亮背景来表现主体所处环境的光线，但不能照射到主体，干扰其他功能光的塑型效果，也要在光源位置和光线路径上尽量避开其他功能光。除了在主体和背景之间营造空间纵深感，背景光还能淡化背景上的各种投影,这点在绿幕拍摄中尤为关键[①]。当场景中没有特定的主体时,背景光就会成为主光。

装饰光有两种含义:一是指对主体的局部细节进行修饰的光线,又称修饰光,如眼神光、首饰光,一般使用小型的聚光灯;二是指模拟某种特定现场光线效果的光线,又称效果光,如闪电、火光、从窗外射来的太阳光束。

在布光时,主光、轮廓光、装饰光通常采用聚光灯,表现为直射的硬光;辅光、背景光通常采用散光灯,或者借助柔光罩、反光板等辅助设备,表现为漫射的软光。但上述情况并非绝对,需要视具体情况来安排。

7.2.2 布光的原则

摄像布光应遵循普遍、真实、取舍、有序、量化的原则。

普遍原则,即布光在内、外景拍摄中都能发挥作用。是否需要布光,依据的是现场光线条件,因此有时会出现内景无须专门布光,而外景必须仰仗布光的情况(图7.20)。自然光线是千变万化的,即使户外阳光明媚,也并不代表光照环境完美无缺。对摄像师来说,应具有布光意识,做好随时布光的准备。

图7.20 电影《被解救的姜戈》外景拍摄现场

① 见图7.19。绿幕拍摄是一种影视特效拍摄技术,拍摄时以绿色或蓝色的纯色幕布为场景,后期处理时用电脑把幕布颜色抠除,替换成其他场景。幕布上的阴影越深,后期抠除的难度越高。

真实原则,即尽量还原拍摄主题所要求的光效,做到逻辑真实。例如,主题是刻画阴冷的环境,画面却被暖光包围;主题是只有一盏微弱烛光的房间,人物的正面和背面却都被照亮……这些都属于逻辑的失真,还会让画面的感染力和艺术性大打折扣。图7.21出自网络剧《你是我的荣耀》,用暖色调的人造光来模拟夕阳光照,营造温馨的黄昏氛围,让男女主人公沐浴其中,符合婚礼结束当天的剧情设定,逻辑上是真实的。真实也意味着不做无谓的布光,在纪实题材的拍摄中,布光有时反而显得虚假矫饰。

图7.21　人造的黄昏光效

取舍原则,即善于借用和舍弃现场已有的光线。摄像工作无法在经费、人员、周期上与电影摄影相提并论,更讲求节约、高效,所以要因地制宜,酌情利用现场已有光线来担任功能光,此为取;当现场光照过强,或者光线多余时,主动进行遮挡,此为舍。以外景的太阳光为例,一般是用作主光,在主体背后能造成轮廓光,用反光板折射会变成辅光[①],当照度过高时,就用遮光板来阻拦(图7.22)。

---

①用反光板代替辅光是非常普遍的做法,在外景和内景、自然光和人造光环境中均适用。

图7.22　反光与遮光

有序原则,即遵循由前到后、由整体到局部的布光思路。由前到后指的是先围绕主体,依次布置好主光、辅光和轮廓光,再用背景光来渲染背景;由整体到局部指的是先确定好总体的布局和基调,再进行细节的微调和修饰。因此,布光一般按照主光、辅光、轮廓光、背景光、装饰光的顺序来进行(图7.23),还应确保相互之间不遮挡、不干扰。

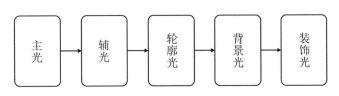

图7.23　布光顺序

量化原则,即用客观定量代替主观判断来把握光比。所谓光比,是指受照体两个相邻面的照度比值,当前面的数值代表亮面、后面的代表暗面时,光比越大,明暗反差越大,立体感越强(图7.24)。用肉眼判断光比,会给布光的效率和效果带来不确定性,而第1章中提过,测光表①可测出照度的具体数值,是辅助

———————
① 见图1.10。

布光的利器。

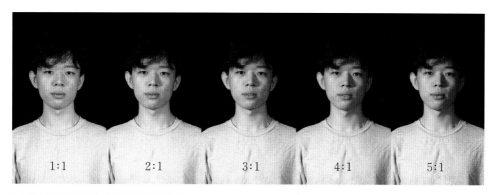

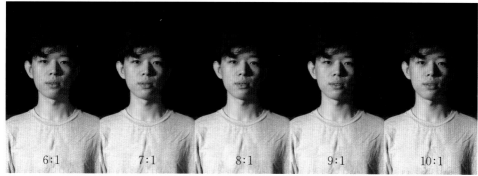

图7.24　光比的变化

7.2.3　布光的基本方法

与照片摄影相比,摄像的布光难度更大,在方法上也更加灵活,按基本特征作出大致的归纳即可,不宜界定过细。下面介绍三种常见的布光法。

首先是立体布光法。如图7.25所示:主光为侧顺光,辅光为顺光,或者主光、辅光均为侧顺光,光源分列镜头光轴两侧,位置不要求对称;轮廓光为逆光或侧逆光,其他功能光视情况布置。为塑造主体形象的立体感和空间感,主光与辅光的光比应不低于2:1,主光与轮廓光的光比在1:2左右。立体布光自由度高,适用面广,是最常用到的布光法。

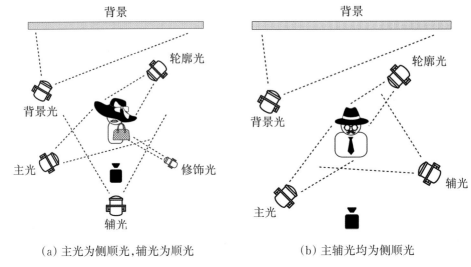

（a）主光为侧顺光，辅光为顺光　　　　　　（b）主辅光均为侧顺光

图7.25　立体布光示意图

　　其次是平光布光法。如图7.26所示：主光、辅光均为侧顺光，光源分列镜头光轴两侧，位置对称；其他功能光视情况布置。从镜头方向看过去，单个或多个主体处于光线覆盖范围内，表面受光均匀，没有明显的阴影。这种平光效果来自主光、辅光的对称站位和1:1光比，即前文提过的双主光模式。平光布光适用于新闻、广告等节目的内景拍摄，布置起来也相对简单。

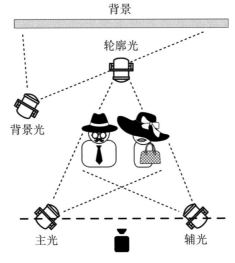

图7.26　平光布光示意图

最后是逆光布光法。如图7.27所示:主光为逆光或侧逆光,辅光为顺光或侧顺光;轮廓光已由主光担当,背景光尽量不用,装饰光视情况布置。如果是为突出主体的剪影效果,则主光与辅光的光比不低于6:1,甚至不用辅光;如果想表现逆光下的主体背光面,光比也不应低于3:1。在影视作品中,逆光布光的使用频率是超过平光布光的。

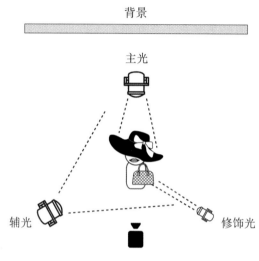

图7.27　逆光布光示意图

布光方法还有很多,但万变不离其宗,譬如对运动镜头的处理。或增加同一功能的光源数量,或改变光源的功能类型,或扩大布光覆盖范围,或摇动光轴,或移动光源,都是有效的运镜布光解决方案。

7.3　影　　调

7.3.1　亮调与暗调

影调指镜头画面在明暗和色彩的层次表现上的基调,受到光的来源、品质、冷暖、方向、高度等因素的综合影响。影调是根据主题来确定的,而最终效果的呈现,应主要基于现场布光,其次是摄像机曝光,后期处理只是锦上添花,如果过分依赖后期编辑软件,容易导致画面层次和细节的丢失。

影调有两种衡量方式。第一种是按画面的整体亮度(包括色彩的明度),分为亮调与暗调。

亮调又称高调,指布光时提高各功能光的照度和覆盖范围,让镜头画面整体偏亮,呈现出接近过曝而未过曝的状态。如果用第3章提到的色阶直方图来表示,则是"山势"向右升高,"峰峦"主要集中在右侧。亮调适宜表现晴朗、欢乐、甜蜜之类的主题,例如很多青春偶像剧中,就大量地使用亮调来营造轻松氛围。如图7.28所示:主光处于逆光位,从窗外将房间照得透亮,一举奠定画面的基调,同时起到了轮廓光的作用;再用辅光来提亮人物背光的一侧,减小光比。

图7.28 电视剧《匹诺曹》中的亮调

暗调又称低调,指布光时收拢光线,压低背景光,让镜头画面局部偏亮,整体偏暗,呈现出接近欠曝而未欠曝的状态。在色阶直方图中,"山势"向左升高,"峰峦"主要集中在左侧。暗调适宜表现阴沉、隐秘、怀旧之类的主题。《花样年华》是一部典型的暗调电影,以图7.29为例:主光处于侧光位,高度接近顶光,女主角惆怅的正脸被照亮,与侧脸及画面其他部分形成强烈的明暗对比,而男主角在微弱余光的笼罩下,眼眶深陷,表情阴郁,两人之间隐忍压抑的情感纠葛被观众尽收眼底。

图 7.29　暗调

7.3.2　硬调与软调

第二种衡量影调的方式,是按画面中的明暗(包括色彩的明度)及色彩(色相及纯度)的反差程度,分为硬调与软调。

硬调指画面中呈现强烈的明暗对比和色彩反差,层次之间过渡生硬,主体边缘锐利,立体感强。在色阶直方图中,左右两端各有"山峰"凸起,而中间区域相对平坦。图7.30出自网络剧《后翼弃兵》,运用了逆光布光法,制造出较大的光比和清晰的人物轮廓,浅色桌面与人物的深色衣服也形成色彩反差。

图 7.30　硬调

199

软调与硬调完全相反,明暗、色彩反差不明显,层次过渡平淡舒缓,主体边缘模糊,立体感弱。在色阶直方图中,"山势"总体平缓,鲜有剧烈的起伏落差。图7.31同样出自网络剧《后翼弃兵》,运用了立体布光法,在侧顺光漫射下,人物脸部的光比较小,线条柔和,肤色、发色与背景色接近,均呈现为暖色调。

图7.31 软调

7.3.3 中间调

中间调有两层含义:就局部而言,指画面里亮度适中、细节清晰的部分,属于第3章"摄像曝光"的知识范畴;就整体而言,指画面呈现介于亮调与暗调、硬调与软调之间的基调。这里讲的是后者。

图7.32用坐标轴来演示影调,纵轴从下到上表示亮度由低(暗调)到高(亮调),横轴从左到右表示反差从小(软调)到大(硬调),而只有处于坐标轴的原点周边(红圈内),才能称为中间调。用色阶直方图来演示,"山势"由两侧向中间升高,"峰峦"在中间区域聚集。图7.33仍然出自网络剧《后翼弃兵》,画面呈现正常曝光的状态,明暗、色彩反差适中,层次之间各自独立又过渡自然,人物轮廓清晰却不生硬。中间调适宜表达写实化、生活化的主题,用途最为广泛。

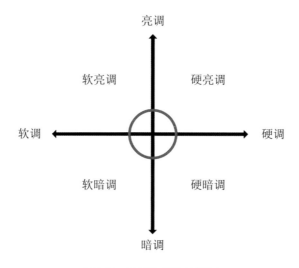

图 7.32　影调的坐标轴演示

图 7.33　中间调

　　白天进行外景拍摄时,自然光因其覆盖面广、过渡均匀、真实感强的优点,最适于营造中间调。但在夜晚或室内环境下,中间调必须依靠人造光来营造,难度大幅增加。

201

7.4　影视案例分析:《雪国列车》

　　《雪国列车》是一部科幻电影,讲述了地表温度骤降,只有"破雪者号"(Sonwpiercer)列车上的人们活了下来,幸存者们分等级地在生活在这个永不停歇、每年环绕地球一圈的狭窄空间里。作为这个金字塔社会的最底层,受尽压迫的尾部车厢居民们蓄积力量,在登车的第18年发动了规模最大的一次起义,突破节节车厢,向车头进发(图7.34)。由于情节的特殊性,影片主要依赖内景棚拍与CG(computer graphics,电脑动画)技术,因而在光线的营造上颇费苦工。

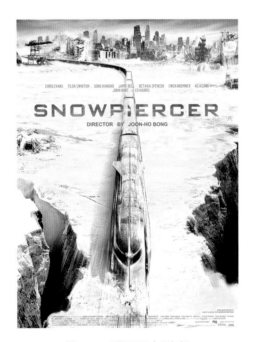

图7.34　《雪国列车》海报

　　影片中的光线基本来自人造光源,除了各种电力灯光设备,还包括人造的火把。在图7.35(a)这个场景的拍摄中,没有使用火把以外的任何照明设备。影片也并非完全摒弃自然光线,如图7.35(b)所示,片尾的雪山场景就是在奥地利雪山上实景拍摄的。

(a) 起义军持火把战斗

(b) 最后的幸存者

图7.35 人造光与自然光

在光的品质和冷暖上,尾部车厢场景照明以阴冷的硬光为主,是借有限的光源来表现生活环境的恶劣,而在靠前的学校车厢里,就以温馨的软光为主了。图7.36就是通过光的软硬来对比不同阶层孩童的生活环境。当然,在展现车厢外的冰天雪地时,唯有使用冷光。

影片对光的方向和高度也作了全面的展示。

(a) 尾部车厢男孩

(b) 学校车厢男孩

图7.36 光的品质与冷暖

先看不同方向的光效。主人公为拉拢列车安全系统专家,去车厢角落寻找致幻剂,这时只有微弱的侧逆光[图7.37(a)];起义军在行进途中,原本紧闭的窗帘突然自动拉开,车外的光线直射到众人脸上,形成顺光[图7.37(b)];下一节车厢门被打开后,一大帮蒙面刀斧手出现在众人面前,这里用逆光来表现领头二人的猝不及防[图7.37(c)];列车即将进入黑暗的隧道,敌人全部戴上夜视镜,侧光将主人公脸部一分为二,刻画出他内心极度的惊惶[图7.37(d)];恶战之后,列车长的副手被起义军俘虏,她拼命狡辩为自己脱罪,这里使用的是侧顺光[图7.37(e)]。

（a）侧逆光

（b）顺光

（c）逆光

图 7.37　光的方向

（d）侧光

（e）侧顺光

图 7.37　光的方向（续）

再看不同高度的光效。主人公找老者商讨起义事宜,高位光斜射到坐着的老者脸上[图7.38(a)];而此处的光源悬挂高度较低,所以对站着的主人公形成了水平光[图7.38(b)];起义前夕,主人公背负着沉重压力,顶光契合了这时的紧张心态[图7.38(c)];离车头越来越近,一路的搏杀和见闻让主人公对终点怀着渴望又恐惧的复杂情绪,底光渲染了主人公的杀戮气息和恐惧心理[图7.38(d)]。

（a）高位光

（b）水平光

（c）顶光

（d）底光

图7.38　光的高度

　　为了模拟阴暗的尾部车厢环境,影片在用光上十分克制,但这不代表布光单一。图7.39中,安全系统专家蹲在地上一边开锁,一边嗅着女儿手上的致幻剂,车厢顶灯发出的逆光充当了轮廓光,主光则由微弱的顺光充当;图7.40中,车厢顶灯提供了背景光,而两人面前是封闭的车厢门,却有主光照射到他们脸上,这是模拟车门对顶灯光线的折射效果。

图7.39　开锁中的安全系统专家

（a）面部有光亮

（b）尚未开启的车厢门

图7.40　等待车厢门开启

　　每节车厢都是一种社会空间的缩影,用影调来区分它们,是《雪国列车》在用光上的最大特色。前面多次展示过的尾部车厢,在影调上整体偏硬偏暗;到了列车中部车厢,影调渐亮,如植物园的中间调[图7.41(a)]、海洋餐厅的硬亮调[图7.41(b)];到了前部车厢,影调变软,如贵族沙龙的软亮调[图7.41(c)]、夜店的软暗调[图7.41(d)],描绘出上层社会的奢靡生活。

（a）植物园

（b）海洋餐厅

（c）贵族沙龙

图7.41　不同影调的车厢

209

（d）夜店

图7.41　不同影调的车厢（续）

当主人公抵达车头时,起义军已牺牲殆尽,他从列车长口中获悉真相:为控制列车上的人口数量,每隔数年发动一次起义,是列车长与尾车那位老者达成的约定。图7.42(a)中,主人公走进发动机舱,身形在明亮的逆光映衬下成了剪影;图7.42(b)换为正面拍摄,逆光因此变成顺光,画面呈现出偏硬的亮调。

（a）逆光

（b）顺光

图7.42　走进发动机舱

最终,觉醒过来的主人公选择与受重伤的安全系统专家一起炸毁列车。在他们的保护下,专家的女儿和图7.36(a)中的小男孩成为仅剩的幸存者,两个在列车上出生的孩子,第一次把脚踩在了开始回暖的大地上。图7.43中,因燃烧呈现暖色调的昏暗车厢与冷色调的车外光束形成强烈对比。

图7.43　女孩望向车门外的世界

内景棚拍的用光成本昂贵,但胜在自由度高,可以随心所欲地营造光线氛围。拍摄这部影片时,如果全靠自然光,不仅无法实现各节车厢的影调差异,连最基本的照度要求也是达不到的。

211

第8章

摄 像 分 镜

从专业角度看,摄像应是一项有计划的工作(特殊情况下的抓拍除外)。因为拍摄下来的镜头往往不是单个拿出来展示,而是经过后期剪辑,以一连串镜头的组合形式呈现出来,所以拍摄时需要考虑的不仅仅是镜头内的曝光、构图,还有镜头与镜头之间的衔接、转换,这是摄像从技术层面跃升到艺术层面的关键步骤。

8.1　分镜头与蒙太奇

8.1.1　分镜头

分镜头既是分镜头脚本的简称(还可简称为分镜),也可根据字面来理解,将完整的动作或事件分解成若干个镜头,每个镜头都是分镜头。相邻的两个分镜头,在逻辑上必须相互关联,如时间的连续、空间的一体、主题的统一等;但在形式上必须相互区别,如内容、景别、角度等,否则单个镜头就能解决的事,何来拆分的必要?

分镜头的"分",更强调镜头间的分工协作,而非为了缩短单个镜头时长所做的简单切分。和人眼一样,镜头也有其盲区,想要面面俱到,只有切换视点或移动位置才行。在切换或移动的过程中,为避免一些干扰因素出现在镜头中,常见的做法是把多余部分剪切掉,直接从一个"面"跳到另一个"面"。例如在表现多个人物时,镜头前一秒对准的还是甲,后一秒直接对准乙,中间根本不做摇、移的运镜(图8.1)。

图8.1　电影《出租车司机》中的前后镜头切换

不常见的做法是,在单个镜头内保留"面"与"面"之间的流畅衔接,例如长镜头。长镜头是与短镜头①相对的概念,指在单个镜头内,用较长的时间来表现一段完整的动作或事件。但是从整体来看,长镜头本质上也属于分镜头,服务于一个总主题,除非整部作品采用一镜到底的拍摄方式。

8.1.2　蒙太奇

"蒙太奇"一词由法语单词montage音译而来,原意为装配,用作影视术语后,表示镜头画面的拼接、剪辑。之后又出现了"声音蒙太奇"的概念,因其偏重后期制作,不在本书的知识架构内,所以接下来只讨论画面的蒙太奇。

从过程上看,蒙太奇与分镜头恰好相反,是将若干个独立的镜头按照某种逻辑组合起来,表达某一主题,即便这些镜头之间原本毫无关联。在电影《2001太空漫

---

① 短镜头是指时长较短的单个镜头,时长不超过10秒。分镜头大多采用短镜头,但两者并不等同。

游》的开始部分,一只类人猿学会拿兽骨当武器,轻松击败强敌后,兴奋地把骨头抛向天空,镜头一切换,背景由湛蓝的天空变成深邃的太空,飞舞的骨头被太空船取代,相隔数百万年的两个时空在这种跳跃式蒙太奇中连接起来,描绘出人类科技文明的巨大进步(图8.2)。

图8.2 跳跃式蒙太奇

大多数时候,我们看到的镜头组合不会如此跳跃,而是前后镜头原本就在时空上紧密关联。但这并不代表关联是自然而然且无法改变的,被动罗列不是蒙太奇存在的意义,主动创造才是。举一个简单的例子,图8.3中包含三个画面,从左向右依次是欢笑、读信、哭泣。如果按左、中、右的顺序来组合,男孩读信后哭了起来,表示信的内容让人悲伤;把顺序颠倒,男孩读信后笑了起来,表示信的内容让人开心;读信画面用时较长,表示男孩可能是才收到这封信;读信画面一闪而过,则表示男孩可能之前已看过,或者早有预感。镜头之间在组合顺序、组合方式上的变化,完全可能产生迥异的主题和艺术效果。

图8.3 蒙太奇的组合顺序

分镜头是在拍摄之前"分",蒙太奇是在拍摄之后"合"——分镜头的组合,两者如同硬币的正反面,互为依存,不可分割,共同提升主题表达的艺术性。虽然镜头的拼接组合是在剪辑时完成的,但如果前期就以蒙太奇思维来统领分镜头脚本的撰写和拍摄,会为后期剪辑工作积累足够的合适素材,留下更广阔的发挥空间,毕竟巧妇也难为无米之炊。

8.2 分镜头的组合原则

8.2.1 基调统一和动静过渡

摄像是一项服务于大众文化的工作,所以在艺术表达上要考虑大众的审美习惯,遵循一些基本规范,例如之前讲的曝光、构图、用光等,这里也不例外。表现同一时空关系的若干个镜头,在组合时应力求基调统一和动静过渡,慎用交叠和越轴,避免"三同"。

基调统一是指保持色调、影调上的协调。以电影《梦之安魂曲》为例,片中大量使用快速切换的蒙太奇手法,图8.4中的这组镜头,讲述的是咖啡冲泡过程,因而在色调上偏暖,影调上偏暗,既与咖啡的特征相契合,又传递出悠闲惬意的人物情绪。基调如果不统一,忽明忽暗,忽冷忽暖,会导致时空感的紊乱。

图8.4　冲泡咖啡

　　动静过渡是指进行动静转换时要有过渡。这个过渡可以交由插在动静之间的独立镜头来完成,也可以直接或间接地出现在镜头内。以电影《速度与激情》为例,赛车从蓄势待发到冲出起点,中间用了两个镜头来过渡,先是绿灯亮起,后是车轮转动;而在第一个镜头内,等待时的发动机轰鸣声也为出发镜头作了铺垫(图8.5)。如果缺少这些过渡,动静之间突兀切换,除了叙事节奏不连贯,还容易引起视觉的不适。

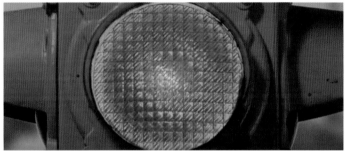

217

图 8.5　由静到动

8.2.2 慎用交叠

在时间关系上,相邻的两个镜头尽量不要产生明显的交叠。我们经常从综艺节目中看到,一个镜头回放数遍,或者一个动作用多个角度的镜头来展示,确实起到了强调效果,但多次使用会影响镜头的连贯性,有拖沓之感。讲求艺术质量的影视作品在处理镜头剪接时,往往宁省毋叠,宁愿动作过程有省略,变成跳切,也不轻易使用交叠。

如图8.6所示,电影《战狼2》中的这个掷枪动作是从两个角度来拍摄的,剪辑后的两个镜头在动作衔接上自然顺畅,没有交叠,符合搏斗情节的快节奏设定。当然,拍摄时是允许重复尝试的,以便从中挑选出最佳的剪接点。

(a) 镜头一

(b) 镜头二

图8.6 掷枪动作没有交叠

8.2.3 慎用越轴

在空间关系上,镜头之间尽量不要出现越轴。表现单一的对象时,将其正面朝向或运动方向想象为一道笔直的轴线;表现两个对象之间的关系时,在两者之间想象出一道轴线。拍摄这组镜头时,如果不能保持机位始终处于轴线的同一侧,组合后的镜头会呈现空间关系的前后不一,这就是越轴。

先看看表现单一对象的情况。继续分析前文的掷枪动作,以主人公的掷枪方向为轴线,镜头一的机位在人物斜侧,镜头二的机位在人物反侧,均位于轴线的右侧[图8.7(a)],所以掷枪方向都是朝右。假如发生越轴,镜头一和镜头二的机位分处轴线两侧[图8.7(b)],掷枪方向会变成一左一右,要么相向而掷,要么背向而掷,空间位置关系是错乱的。

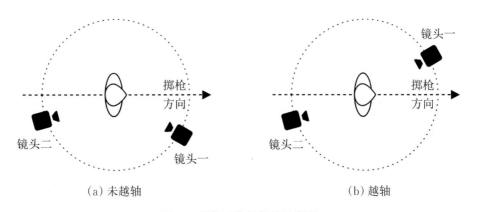

（a）未越轴 　　　　　　　　　　　（b）越轴

图8.7 掷枪动作的越轴示意图

再来看表现双方关系的情况,例如对话场景。图8.8是网络剧《风犬少年的天空》中的一组正反打镜头。所谓正反打,是用镜头切换来交替表现面对面双方的一种蒙太奇手法,又分为内反打和外反打。外反打又称越肩镜头,指越过一方的肩膀来表现另一方的正面或斜侧面,如图8.8(b);内反打则是镜头中只出现被表现的一方,如图8.8(c)。无论是全用外反打还是全用内反打,或是这个案例里的混合使用,每个镜头的机位都应保持在轴线的同一侧,如果越轴,就会出现原本面对面的两人,却在各自镜头里面朝同一个方向的反常现象(图8.9)。

（a）镜头一　　　　　　　　　　　（b）镜头二

（c）镜头三

图8.8　正反打

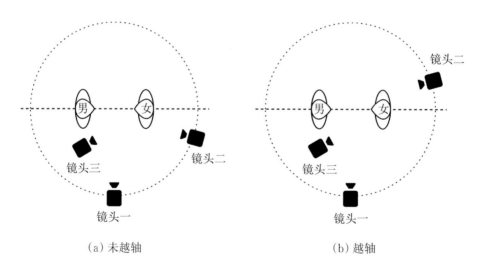

（a）未越轴　　　　　　　　　　　（b）越轴

图8.9　正反打的越轴示意图

其实，只要能做好过渡，越轴也未尝不可，但很难把握，应当慎用。

8.2.4 避免"三同"

"三同"是指相邻的两个镜头在内容、景别和角度上均表现得基本一致。例如前文的图8.3,如果把读信镜头删除,让笑和哭的镜头直接切换,就会产生类似掉帧的卡顿跳跃感,损害主题的逻辑性和视觉的连贯性。应避免"三同"镜头的出现,相邻镜头在内容、景别、角度这三者中,须至少有一者有显著的差别。

景别、角度相同,则内容必须不同。内容包括主体及其所处环境,而内容的不同是指主体和环境两者当中至少一者发生变化,具体分为以下三种情况:一是主体更换了,如从一个人切换到另一个人;二是主体未更换,但形态改变了,如从兴奋切换到沮丧,从青春切换到衰老;三是主体未变化,但环境变化了,如从幻想回到现实。最常见的是第一种情况,以电影《海上钢琴师》中的这组镜头切换为例,相邻镜头采取了同样的景别和角度,均为近景和正面平摄,而主体从主人公换成他的朋友(图8.10)。

221

图8.10 景别、角度相同,内容不同

若内容、角度相同,则景别必须不同。景别在前文有过介绍,这里所说的不同,是指相邻镜头的景别分属不同级别,即远景、全景、中景、近景、特写当中的任意两级。电视剧《孤独的美食家》中,每当主人公感到饥饿时,伴随着鼓点声,镜头会发生景别的三级跳切,顺序一般是近景、全景和远景,而内容和角度都没有变化(图8.11)。

图8.11　内容、角度相同,景别不同

若内容、景别相同,则角度必须不同。角度包括垂直层面的高度和水平层面的方向,相邻镜头只要在其中一个层面上的拍摄角度相差超过20°,即为角度不同。以电影《密码疑云》为例,图8.12中的相邻镜头在内容和景别上没有区别,在高度上也同样采取了仰摄,只因在方向上区别明显——斜侧和背面,就巧妙地避免了"三同"。

图 8.12 内容、景别相同,角度不同

8.3 分镜头脚本的产生

8.3.1 简介

上面这些镜头及其相互之间的组合,其实已在分镜头脚本中预先设定好了。

分镜头脚本不是凭空产生的,它在成型之前,至少要经历简介、梗概、大纲、剧本等四个阶段。

简介,又称内容简介、故事简介①,是对作品内容的主题进行扼要介绍。简介通常只有几句话,但必须涵盖以下三点:这是一件什么事,发展趋势是怎样的,以及大致的结果。例如下面这段文字:

这是一个关于爱情和友情的故事,一对青年男女随着相互关系的变化,在感情处理上逐渐成熟,终于认清了自己的内心。

这就是一个典型的故事简介。首先,交代了事件的性质——一对青年男女的情感经历;然后,交代了事件的发展趋势——两人关系发生变化,性格走向成熟;最后,交代了事件的大致结果——两人认清了自己的内心。

从后期宣传的角度看,简介具有一定的广告性,可用于作品的文字宣传,例如海报、百科词条。

8.3.2　梗概

梗概,又称内容梗概、故事梗概,是在简介的基础上,将事件中的主要元素具体化,包括人物身份、重点事件及更详细一些的过程和结果,勾画出清晰的结构脉络。与简介相比,梗概应突出内容进程的曲折性,让平淡的内容以起伏的方式讲述下去,但也不能因此牺牲合理性。把前文的简介案例扩展成如下梗概:

小明和小丽是初中时期的同桌,高中分别三年后,意外地在同一所大学里相遇,顺利发展成了恋人。大学毕业,异地恋的两人逐渐发现感情的最大阻碍并不是距离,而是从未真正彻底认识过对方。于是,两人通过一次旅行和平分手,共同找回年少时的那份简单和美好。

这个梗概尽管简短,却五脏俱全,交代了青年男女的名字、相互关系、时间线

---

① 前者对应纪实类作品,后者对应故事类作品,下同。

索、标志着关系转变的重点事件。梗概可长可短,但篇幅只需放在主线内容上,尽量不要外延。

8.3.3 大纲

大纲,又称拍摄大纲、剧本大纲,是将重点事件的时间节点、发生地点、处理方式等关键信息,以及主线外的其他人物或事件对主线的推动,用旁观者讲故事的方式,冷静地描述出来。与梗概相比,大纲不仅内容更具体,还确定了主要拍摄场景,具有一定的画面感,是剧本的骨架。继续使用前文的案例,形成如下大纲:

大学报到第一天,小明意外地在校园里遇见了初中同桌小丽,发现她和自己还是同系同专业同班级。受这一奇妙缘分的鼓舞,大一的平安夜,小明在室友们的帮助下,将策划已久的秘密行动付诸实施,在操场上向小丽告白成功。转眼到了大四下学期,小明考研上岸,而落榜的小丽听从父母安排,回老家找了一份稳定的工作。两人在毕业前夕大吵一架,不欢而散。分隔两地的他们虽然每晚通电话,却愈发觉得无话可谈。终于,在毕业半年后,小丽约小明再去杭州旅行一次,两人来到"三生石"边,找到了当年共同系在树枝上的许愿红绸,将上面的爱情宣言划掉,改成了友谊宣言。

225

此时,主线上出现了具体的时间节点及场景,如平安夜的操场,还出现了推动主线的其他人物,如男生的室友、女生的父母,等等。同时,确定了各个场景的重要程度:如初中同桌往事,通过两人大学重逢时的对话便可交代,不必实拍;如平安夜的告白,需要重点刻画;如告白后的恋爱时光,可采取闪进的蒙太奇手法简略展现。

对新闻采访、纪录片等真正的纪实类作品而言,因无法预知和安排每个场景、每个镜头的细节,只能根据拍摄主题提炼出要点、形成大纲就为止了。其实,一些真人秀节目也是有大纲的,表演者只能在既定框架内进行适度发挥。

8.3.4　剧本

剧本是将大纲中的场景作真实化处理,用具体的时间、地点、人物、动作、语言、声音来展示事件,具有较强的画面感。接下来,从大纲案例中选取"三生石"场景,用剧本形式来展现其中的某个片段。

杭州三生石景点,外景,晴朗午后

小明和小丽来到挂满红绸的树下,分头搜寻了起来。

小明边找边喃喃自语:"在哪儿呢,在哪儿呢?"

小丽向小明招手:"找到了,在这里、这里! 我够不着。"

小明走到小丽身旁,神情复杂地看了一眼她,然后踮起脚,在"慢点儿"的叮咛声中,从树枝上解下了一根红绸。

(略)

可以看到,剧本呈现出以下三个特点:一是条目式结构,环境信息单列,每个人物的言行基本独占一段;二是明确的环境信息,考虑到拍摄用光,必须指明内外景和时段,有时还要加上天气;三是纯客观的文字表述,不掺杂作者的主观想法。

演员拿到剧本后,就可以进行排练和表演了,但在拍摄者眼中,剧本还是不够清晰,有待进一步分解、细化。

8.3.5　分镜

分镜即分镜头脚本的简称,是将剧本中的场景分解为若干个镜头,用文字或图像构筑一个个具体的画面,按照剧本顺序来展现事件,直接指导前期拍摄和后期剪辑。需要注意的是,镜头的数量应取决于场景时长和叙事节奏,过少会显得单调,过多则会显得凌乱。

电视节目、微电影等中小型项目的拍摄，一般只需使用纯文字的分镜头脚本，简称文字分镜，是以表格的形式，标出每个镜头的镜号、景别、摄法、画面、台词、音乐音效和时长等。如果是多场景，还要在镜号之前标明场号或场景信息。我们用文字分镜来展示一下前面剧本案例中的"踮脚解红绸"动作(表8.1)。

表8.1 文字分镜

第17场:杭州三生石景点,外景,晴朗午后

镜号	景别	摄法	画面	台词	音乐音效	时长	备注
……	……	……	……	……	……	……	……
17-9	近	摇-固 平 斜侧	小明走到小丽身边停住，看了她两秒钟，然后仰起头		依稀的鸟鸣声	7秒	
17-10	特	固 平 侧	小明的双脚踮起		依稀的鸟鸣声	2秒	
17-11	特	固 仰 反侧	小明的双手在解树枝上的红绸,阳光在叶缝中闪烁	小丽的叮咛声:"慢点儿"	树枝被扯动的沙沙声 依稀的鸟鸣声	5秒	双手动作幅度较小
……	……	……	……	……	……	……	……

电影等大型项目的拍摄,还需用到更直观的画面分镜头脚本,又称故事板(storyboard),由静态或动态的画面和必要的文字说明构成,形式上与多格漫画类似(图8.13)。

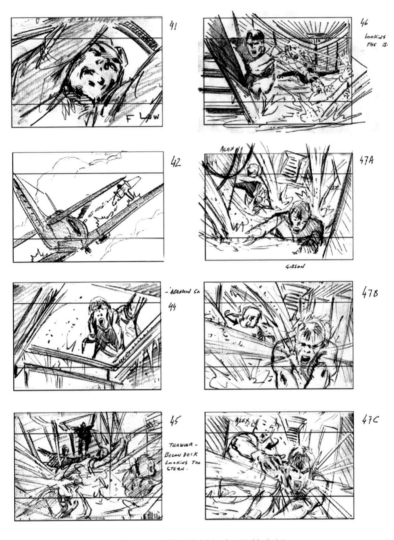

图8.13 电影《敦刻尔克》的故事板

当拍摄镜头较多时,如果因嫌麻烦而放弃制作分镜头脚本,是得不偿失的。一方面,分镜头脚本将各个细节描述得更加具体、准确,节省了沟通成本,让现场拍摄有条不紊。另一方面,分镜头脚本为每个镜头都分配了单独的镜号,如用"17-9"代表"第17场第9个镜头",如此一来,镜头的拍摄顺序可以自由安排,后期剪辑时再按镜号顺序组接起来,工作效率会有显著提高。

你也许会问,在人人有手机、全民短视频的今天,拍摄短视频还有必要预先做好分镜吗? 如果想让作品脱颖而出,那么答案是肯定的。周围越浮躁,越需用心沉淀。低门槛带来短视频数量的爆炸式增长,而扎实的分镜能给视频加分,帮助拍摄者养成蒙太奇思维,在创作实践中逐渐找准方向,确立风格,持续产出辨识度高、点击量高、转发率高的"三高"作品。

8.4 实践案例展示:《手中笔》

2018年5月,笔者接到高校廉政题材微电影《手中笔》(图8.14)的编剧任务,在接下来的一个月时间内,完成了从故事简介到分镜头脚本的撰写和修改工作。

图8.14 《手中笔》海报

第一阶段,确定切入点,撰写故事简介。

"高校""廉政"是此前已经确立好的主题关键词,但依托什么样的故事来呈现,是该阶段必须解决的问题。作为一部十分钟左右的微电影,这个切入点既不能大,又要见微知著。经过与出品方(校方)的反复探讨,最终确定以"手中笔"作为切入点和片名,虚构一个警示教育的反面案例。

某高校一位系主任利用手中"一支笔"的审批权,以权谋私,逐渐滑向犯罪边缘。

这个简介中涵盖了三个关键信息:关于什么事——签字审批权;发展趋势——以权谋私;大致的结果——滑向犯罪边缘。

第二阶段,确定承载主题的重点事件,撰写故事梗概。

该阶段是将简介中的抽象化、符号化信息进行具体化改造,提炼出重点事件,让情节具有曲折性与合理性。虽然这是虚构的故事,但从典型教育意义上考虑,情节的合理性是不容忽视的。因此在动笔前,对故事中需要涉及的相关工作流程(如报销审批)进行了考察和梳理。

某高校系主任谭某因工作疏忽,未仔细审阅就签批了下属小吴送来的报销单。在接到财务处核实电话后,他找来小吴询问,却在人情和金笔面前放弃了原则。尝到甜头后,谭主任的贪欲日渐膨胀,不断利用手中职权谋取利益,面对组织教育和案例警示,他总是抱有侥幸心理,最终铸成大错,让那只本该握着粉笔教书育人的手,沉重地写着自白书。

梗概中进一步交代了主人公的身份信息,明确了人物关系和重点事件,并将主人公的心理变化与手中笔在涵义上的变化(签字笔、金笔、粉笔、自白笔)联系起来,让情节有了起伏。

第三阶段,确定事件的场景概况,撰写剧本大纲。

该阶段要对重点事件的场景信息(时间、地点、人物)予以轮廓式勾勒,用纯客观的陈述语言,使事件呈现出一定的现场画面感。为此,笔者专门花了一天时间去现场勘景,做到心中有数,再来撰写大纲,确保场景中发生的事件切实可行,场景信息在拍摄时得以全面再现。下面是完整版的大纲。

黑暗中,桌面上一束亮光,一只手拿着中性笔,在纸上缓缓写着。画面渐黑。

明亮的办公室里,还是同一只手,握着旧钢笔。谭主任一边用这只手的手指轻轻敲着办公桌上的待批文件,一边与当公司老总的大学同学老钱通电话。

敲门声响起,下属小吴开门拿报销单进来,谭主任随便翻了翻,没细看就签了字,期间一直保持通话,小吴退出并关上门。电话里隐约透露出是老钱请他帮忙办某件事,对方被婉拒后就说改天约上另一个老同学老吴一起聚聚。

第二天上午,教室里,谭主任捏着粉笔写板书,给学生讲什么是职业操守,学生们认真做着笔记。

下课后,走在路上的谭主任接到学校财务处来电,说他签字审批过的报销单上有一项数额较大,问是否属实。谭主任说记不清了,待会儿派人去把报销材料拿回来再核实一下。

当天下午,谭主任把小吴叫到办公室,质问那项支出具体是怎么回事。小吴毫不掩饰,说是实验室安装调试新设备很辛苦,所以造了些耗材名目给大家发福利,主任一直支持实验室建设,自然也有份。小吴拿出一个包装精美的盒子递给谭主任,说他爸爸老吴和主任是大学同窗,知道主任爱好硬笔书法,缺支好笔。谭主任推脱了两下后,收下盒子,对小吴说下不为例。

小吴走后,谭主任拿着崭新的高档金笔把玩着,拨通了财务处电话,说已核实,报销单没问题。

一男一女两名教师在校园里边走边聊,迎面与谭主任相遇。打过招呼后,两人继续向前走,男教师暗示女教师,不用担心课题剩余经费报不了,贿赂谭主任就行。

时间一天天过去,谭主任收礼越来越频繁。

在全校党员领导干部廉政教育宣讲会上,台上领导讲到党员干部要管好手中的笔,用好手中的权力,防微杜渐,决不能把权力变成牟取个人私利的工具。听到这里,台下谭主任正在记笔记的手顿了一下。

谭主任在食堂吃饭,电视里正在播报某领导干部涉嫌贪污受贿被立案调查的新闻,他握紧了筷子。从食堂出来后,谭主任心神不宁,步履沉重。

谭主任来到纪委办公室门口,抬起手正犹豫着要不要敲门,手机响起,是同学老钱发来的短信,约当晚聚会。谭主任收回了准备敲门的手。

一切照旧,灯红酒绿。

办公室里,谭主任满含笑意地与老钱通话,对方感谢他这次招投标帮了大忙,还说老吴一直说他重情义,这几年很关照儿子小吴。谭主任说老同学还送这么贵重的东西。此时,他的左手手腕上多了只高档手表。

黑暗中,办公室电话铃声响起,学校纪委叫谭主任过去。

回到开头的黑暗环境中,那只写字的手写完最后一笔,原来是在写自白书。谭主任的嗓音苍白无力:"报告,我交代材料写完了。"

画面渐黑。

对于十来分钟的片长来说,这个大纲已足够详细,为后面的工作节省了不少时间和精力。

第四阶段,确定场景中的各项具体信息,撰写剧本。

所谓具体信息,主要指地点名称、时间特征、人物言行,有时还会列出个别关键道具。剧本是将上述方面的信息在每个场景中单列出来,便于场务布置和演员把握。在本片为数不多的场景中,主人公办公室占据了核心地位,是之前勘景的重点,所以笔者在撰写剧本时,对室内布局和演员走位已了然于胸。举其中一场为例。

场景:系主任办公室内　时间:下午　人物:谭主任　道具:金笔、固定电话
小吴已经离开,办公室只剩下谭主任一人。

谭主任右手拿起固定电话听筒,拨了四位数的内线号码,然后靠着椅背,左手把玩着崭新的金笔。

电话接通,谭主任:"喂,财务处吗?我找何会计……嗯,对对,是我。那个耗材我核实过了,是对的。人一老,脑子就不好使咯……哈,哪里哪里,多谢提醒啊!"

室内、下午,这些明确的信息让现场布光有了依据,而专门列出的人物和道具也是同理。该场只有一个出场人物,所以将其言行分段展示,会更加直观。

第五阶段,分解场景,撰写分镜头脚本。

分镜的作用是更全面地展示场景信息,而非干扰观众对信息的接收,过犹不及。前面这个场景篇幅较短,不宜做过细的分解,所以只用了3个镜头。后来到了实拍阶段,笔者又兼任了导演工作,因此能对文字分镜进行高度还原。接下来,我们比对一下该场景的文字分镜(表8.2)和实拍画面(图8.15)。

表8.2　第6场文字分镜

第6场:系主任办公室,内景,下午

镜号	景别	摄法	画面	台词	音乐音效	时长	备注
6-1	特	固俯反侧	谭主任右手拿起固定电话听筒,拨了四位数的内线号码		按键音	5秒	
6-2	近	上摇反侧	谭主任靠在椅背上,面向窗户,左手举起崭新的金笔把玩着	谭:喂,财务处吗? 我找何会计……嗯,对对,是我。那个耗材我核实过了,是对的		9秒	窗外逆光突出手中笔的剪影
6-3	特	左移仰侧	把玩着金笔的左手	谭:人一老,脑子就不好使咯……哈,哪里哪里,多谢提醒啊		7秒	

(a) 镜号6-1

(b) 镜号6-2

(c) 镜号6-3

图8.15　第6场实拍画面

至此,编剧工作基本结束。上述每个阶段必须经出品方审核通过,方可进入下一阶段。

摄制完成后的《手中笔》获评"安徽廉洁文化精品工程",并在安徽纪检监察网、安徽电视台公共频道展播。

附　　录
本书影视案例图片引用作品列表
（按引用顺序排列）

序号	作品名称	类型	导演	首映(首播)年份
1	火车进站	纪录短片	〔法国〕奥古斯特·卢米埃尔、路易斯·卢米埃尔	1896
2	安娜贝拉的蝴蝶舞	纪录短片	〔美国〕威廉·K·L·迪克森	1894
3	老男孩	网络电影	肖央	2010
4	三分钟	故事短片/广告片	陈可辛	2018
5	另一只	故事短片	〔埃及〕Sarah Rozik	2014
6	山海情	电视剧	孔笙、孙墨龙	2021
7	奔跑吧兄弟(第一季)	电视真人秀	陆皓、岑俊义	2014
8	归途列车	纪录长片	范立欣	2009
9	大话西游	故事长片	刘镇伟	1995
10	伪装者	电视剧	李雪	2015
11	大腕	故事长片	冯小刚	2001
12	堕落天使	故事长片	王家卫	1995
13	这个杀手不太冷	故事长片	〔法国〕吕克·贝松	1994
14	清平乐	电视剧	张开宙	2020
15	勇敢的心	故事长片	〔美国〕梅尔·吉布森	1995
16	公民凯恩	故事长片	〔美国〕奥逊·威尔斯	1941
17	航拍中国(第二季)·广东	系列纪录片	王雅丽	2019
18	蝙蝠侠:黑暗骑士	故事长片	〔英国〕克里斯托弗·诺兰	2008
19	无间道3	故事长片	刘伟强、麦兆辉	2003
20	蜘蛛侠	故事长片	〔美国〕山姆·雷米	2002
21	海上钢琴师	故事长片	〔意大利〕朱塞佩·托纳多雷	1998

续表

序号	作品名称	类型	导演	首映(首播)年份
22	权力的游戏(第六季)	电视剧	〔美国〕米格尔·萨普什尼克	2016
23	Super Good	广告片	〔美国〕Joe Murray	2014
24	楚门的世界	故事长片	〔澳大利亚〕彼得·威尔	1998
25	美国往事	故事长片	〔意大利〕赛尔乔·莱昂内	1984
26	肖申克的救赎	故事长片	〔法国〕弗兰克·德拉邦特	1994
27	老炮儿	故事长片	管虎	2015
28	王牌特工	故事长片	〔英国〕马修·沃恩	2014
29	迷魂记	故事长片	〔英国〕阿尔弗雷德·希区柯克	1958
30	大白鲨	故事长片	〔美国〕史蒂文·斯皮尔伯格	1975
31	重庆森林	故事长片	王家卫	1994
32	超级工程(第二季)·中国车	系列纪录片	李炳	2016
33	大江大河	电视剧	孔笙、黄伟	2018
34	音乐之声	故事长片	〔美国〕罗伯特·怀斯	1965
35	大猫(第一集)	系列纪录片	〔英国〕Nick Easton	2018
36	罗马	故事长片	〔墨西哥〕阿方索·卡隆	2018
37	水形物语	故事长片	〔墨西哥〕吉尔莫·德尔·托罗	2017
38	让子弹飞	故事长片	姜文	2010
39	海蒂和爷爷	故事长片	〔瑞士〕阿兰·葛斯彭纳	2015
40	小森林(冬春篇)	故事长片	〔日本〕森淳一	2015
41	Bellagio Shanghai Brand Video	广告片	陆川	2018
42	龙猫	动画长片	〔日本〕宫崎骏	1988
43	达拉斯买家俱乐部	故事长片	〔加拿大〕让-马克·瓦雷	2013
44	摩登时代	故事长片	〔英国〕查理·卓别林	1936
45	使女的故事(第二季)	网络剧	〔英国〕麦克·巴克	2018
46	七宗罪	故事长片	〔美国〕大卫·芬奇	1995
47	小鞋子	故事长片	〔伊朗〕马基德·马基迪	1997
48	喜剧之王	故事长片	周星驰、李力持	1999
49	港珠澳大桥	纪录长片	闫东	2019

续表

序号	作品名称	类型	导演	首映(首播)年份
50	神探	故事长片	杜琪峰、韦家辉	2007
51	毕业生	故事长片	〔美国〕迈克·尼科尔斯	1967
52	赘婿	网络剧	邓科	2021
53	源代码	故事长片	〔英国〕邓肯·琼斯	2011
54	天堂之日	故事长片	〔美国〕泰伦斯·马力克	1978
55	长安十二时辰	网络剧	曹盾	2019
56	流浪地球	故事长片	郭帆	2019
57	罗马假日	故事长片	〔美国〕威廉·惠勒	1953
58	西西里的美丽传说	故事长片	〔意大利〕朱塞佩·托纳多雷	2000
59	雷神2:黑暗世界	故事长片	〔美国〕阿兰·泰勒	2013
60	大逃杀	故事长片	〔日本〕深作欣二	2000
61	被解救的姜戈	故事长片	〔美国〕昆汀·塔伦蒂诺	2012
62	你是我的荣耀	网络剧	王之	2021
63	匹诺曹	电视剧	〔韩国〕赵秀沅、申承佑	2014
64	花样年华	故事长片	王家卫	2000
65	后翼弃兵	网络剧	〔美国〕斯科特·弗兰克	2020
66	雪国列车	故事长片	〔韩国〕奉俊昊	2013
67	出租车司机	故事长片	〔美国〕马丁·斯科塞斯	1976
68	2001太空漫游	故事长片	〔美国〕斯坦利·库布里克	1968
69	梦之安魂曲	故事长片	〔美国〕达伦·阿伦诺夫斯基	2000
70	速度与激情	故事长片	〔美国〕罗伯·科恩	2001
71	战狼2	故事长片	吴京	2017
72	风犬少年的天空	网络剧	张一白、韩琰、李炳强	2020
73	海上钢琴师	故事长片	〔意大利〕朱塞佩·托纳多雷	1998
74	孤独的美食家(第二季)	电视剧	〔日本〕沟口宪司、宝来忠昭	2012
75	密码疑云	故事长片	〔俄罗斯〕瓦季姆·舒梅列夫	2007
76	敦刻尔克	故事长片	〔英国〕克里斯托弗·诺兰	2017

参 考 文 献

［1］ Kenworthy C. Master shots: 100 advanced camera techniques to get an expensive look on your low-budget movie[M]. California: Michael Wiese Productions, 2009.

［2］ Zettl H. Video basics[M]. California: Wadsworth Publishing Company, 2012.

［3］ 菲利普·肯普. 电影通史[M]. 王扬, 译. 北京: 中央编译出版社, 2013.

［4］ 孙振虎. 电视摄像创作[M]. 北京: 高等教育出版社, 2013.

［5］ 刘荃. 电视新闻摄像[M]. 北京: 中国广播电视出版社, 2014.

［6］ 陆绍阳. 视听语言[M]. 北京: 北京大学出版社, 2014.

［7］ 杰里米·温尼尔德. 电影镜头入门[M]. 张铭, 译. 北京: 北京联合出版公司, 2015.

［8］ 巴里·布雷弗曼. 拍摄者[M]. 周令非, 译. 北京: 人民邮电出版社, 2016.

［9］ 常江, 王晓培. 影视制作[M]. 北京: 中国传媒大学出版社, 2017.

［10］ 刘智海. 摄像基础[M]. 上海: 上海人民美术出版社, 2018.

［11］ 戴菲. 数字摄像[M]. 上海: 上海人民美术出版社, 2018.

［12］ 郑国恩. 影视摄影艺术[M]. 北京: 中国传媒大学出版社, 2018.

［13］ 邓烛非. 蒙太奇原理[M]. 北京: 中国电影出版社, 2019.

［14］ 孙略. 视频技术基础[M]. 北京: 文化发展出版社, 2019.

［15］ 邵清风, 李骏, 俞洁. 视听语言[M]. 北京: 中国传媒大学出版社, 2019.

［16］ 李兴国, 田敬改, 李伟. 电视照明[M]. 北京: 中国广播影视出版社, 2020.

［17］ 任金州. 电视摄像[M]. 北京: 中国传媒大学出版社, 2021.

后　记

这本书,是我送给自己 40 周岁生日的礼物。

这份礼物,得来委实不易。从提笔到交稿,埋头写作一年半,亏欠家人太多;想着深入浅出,把晦涩的术语讲得面目可亲,不会吓跑初学者;要将知识点融会贯通,避免前后矛盾、逻辑混乱;还得突出实用性,不至于学了用不上,白白浪费读者时间……

有如此多的不易,却能顺利完稿,我必须感谢他们:父母和三蛋的全程支持与默默付出,让我能够心无旁骛;影视学界的专家前辈童加勃老师长久以来对我不吝提点,还拨冗为本书作序;唐家晟、孙梦娜、刘志翔、胡越、王旭江、丁晓薇、庞永康、刘程炀同学为书中的部分图片案例贡献了力量;小妹杜唯一全身心地投入到文字校对当中,找出多处疏漏;工作单位安徽交通职业技术学院的领导和同事为我营造了自由宽松的教科研环境。此外,还要感谢国内外众多优秀的摄影摄像工作者,他们的创作成果为本书提供了绝佳的案例支撑。

孔子说"四十而不惑",有人将"不惑"解读为"对世界不再抱有好奇心",从这个角度来说,我倒是觉得应当继续"有惑"。正因"有惑",我才会由行政转到教学,从理论走向实践,在自我挑战中不断成长。人生如此,写书亦然。写中"有惑",能深入思考,及时纠错,保证成书质量,写后"有惑",则能虚心听取意见,完善知识体系。

衷心欢迎读者批评指正。

孔令斌

2021年9月